工作负荷测量技术手册

[美]瓦莱丽·简·加沃伦（Valerie Jane Gawron）著

杨 柳 熊端琴 主译

清华大学出版社
北 京

北京市版权局著作权合同登记号　图字：01-2023-2114

Workload Measures Handbook 3st Edition / by VALERIE JANE GAWRON / ISNB:
9780367002329

图书在版编目（CIP）数据

工作负荷测量技术手册 / (美) 瓦莱丽·简·加沃伦 (Valerie Jane Gawron) 著；杨柳，熊端琴主译. — 北京：清华大学出版社，2023.12

书名原文：Workload Measures Handbook

ISBN 978-7-302-65003-4

Ⅰ. ①工… Ⅱ. ①瓦… ②杨… ③熊… Ⅲ. ①工作负荷（心理学）—评估—技术手册 Ⅳ. ① TB18-62

中国国家版本馆 CIP 数据核字（2023）第 247602 号

责任编辑： 孙　宇
封面设计： 吴　晋
责任校对： 李建庄
责任印制： 曹婉颖

出版发行： 清华大学出版社
　　网　　址： https://www.tup.com.cn，https://www.wqxuetang.com
　　地　　址： 北京清华大学学研大厦 A 座　　**邮　　编：** 100084
　　社 总 机： 010-83470000　　**邮　　购：** 010-62786544
　　投稿与读者服务： 010-62776969，c-service@tup.tsinghua.edu.cn
　　质量反馈： 010-62772015，zhiliang@tup.tsinghua.edu.cn
印 装 者： 北京嘉实印刷有限公司
经　　销： 全国新华书店
开　　本： 185mm × 260mm　　**印　　张：** 11.75　　**字　　数：** 220 千字
版　　次： 2023 年 12 月第 1 版　　**印　　次：** 2023 年 12 月第 1 次印刷
定　　价： 99.00 元

产品编号：100518-01

译 委 会

主 译

杨 柳 熊端琴

副主译

张向阳 廖 扬

译 者

刘 昕 韩梦霏 戈含笑 林 榕

原著者简介

瓦莱丽·简·加沃伦获纽约州立大学布法罗分校心理学学士学位、纽约州立大学杰纳苏分校心理学硕士学位、伊利诺伊大学工程心理学博士学位、纽约州立大学布法罗分校工业工程和工商管理硕士学位。在拉斯克鲁塞斯的新墨西哥州立大学完成了环境对绩效影响的博士后研究工作，随后就职于加州大学洛杉矶分校，在此工作了26年。之后受聘于通用动力公司，并成为一名技术研究员。目前是MITRE公司的人因工程师。加沃伦博士在小型原型系统到大规模生产系统的研究、开发、测试和评估方面发挥了技术引领作用，管理了价值数百万美元的系统开发项目，主导了作战人员和情报人员信息系统设计，向政府机构和行业提供了计算机辅助工程工具，对军用和商用飞机最先进的显示器（包括头盔显示器、夜视镜和合成视觉显示器）进行了测试，对机场和美国大使馆的安全系统进行了评估，开展了系统和人因绩效优化研究，对数字模型到人在环模拟，再到军事、情报和商业系统的现场作战测试等全方位的评估工具提供了应用，指导事故模拟再现，就驾驶员分心、事故调查和药物对操作员绩效的影响进行了咨询，并撰写了425份及以上出版物，包括《人因效能、工作负荷与态势感知测量技术手册》（第二版）及2001年《红心：简·盖隆的故事》。这两本著作在国际上均用于研究生课程教学，前者内容主要涉及人为因素，后者内容主要涉及患者安全。

加沃伦博士曾任职于空军科学咨询委员会、陆军科学委员会、海军研究咨询委员会和国家研究委员会。为各类观众举办了主题广泛的研讨会，比如在萨利骑行科学节上为8～14岁女孩进行了降落伞测试，为管理人员和工程师开展了模拟技术的应用培训。

加沃伦博士的工作和服务对象包括美国空军、陆军、海军、海军陆战队、美国国家航空航天局、国务院和司法部、联邦航空管理局、运输安全管理局、国家运输安全委员会、国家交通安全管理局及商业客户。其中一些工作属于国际性的，加沃伦博士到过195个国家和地区，是美国航空航天学会副研究员、人为因素和人类工效学学会研究员及国际人类工效学协会研究员。

译者序

工作负荷已成为科学研究、产品设计、健康维护等诸多领域重点关注的问题。学者们也从多个方面、多个角度分别建立了许多测量技术和方法。[美]瓦莱丽·简·加沃伦博士通过巨大的努力,将这些技术和方法汇聚于《工作负荷测量技术手册(第三版)》。该书详细描述了工作负荷的客观和主观测量技术与方法，并提供了相应的客观测量范式和主观量表工具，可为相关领域特别是航空、航天、航海等特殊领域的科学研究、产品设计和产品应用等各类人员提供非常有价值的帮助。

作为译者，我们很庆幸有机会将加沃伦博士的这本著作完整翻译过来，供相关领域的读者们阅读和使用。在翻译过程中，我们充分体会到了著作的系统性和全面性，以及其中巨大的信息量，它带给我们的不仅仅是相关领域的专业知识，更是具有超强实用性的工作负荷测量技术、方法与工具。我们竭尽全力反复雕琢和研磨，把这本书呈现给读者。但由于时间仓促和水平有限，书中有些译法尚不够成熟和准确。

感谢清华大学出版社的信任，并期待读者们的指正。

译　者

2023 年 12 月

目　录

1 引 言

人因工程专家，包括工效学家、工业工程师、工程心理学家和人因工程师等，其主要工作是不断寻求更佳（更高效）的方法，对作为系统组成部分的人的因素进行表征和测量，由此我们就可以制造具有卓越人机界面的火车、飞机、汽车、过程控制站和其他系统。然而，人因工程专家也经常感到苦恼，因为不易获取到有关人因绩效、工作负荷与态势感知（SA）的测量信息。为了填补这一空白，本书旨在为读者选用合适的技术以评估人因绩效、工作负荷与态势感知的关键过程提供指导。

本书介绍了工作负荷的测量技术，对每一项技术的优势、局限性、数据要求、阈值和信息来源进行了描述。同时，为了使本书更便于使用，也提供了缩略语和主题索引。

2 人员工作负荷

工作负荷已被定义为一系列任务需求、努力、活动或目标实现（Gartner 和 Murphy，1979）。任务需求（任务负荷）是要实现的目标、执行任务所允许的时间以及完成任务的绩效水平，影响付出努力的因素包括所提供的信息和设备、任务环境、被试者的技能和经验、所采取的策略以及对情境的情绪反应。

这些定义在任务负荷与工作负荷之间提供了可测量的连接。例如，直升机飞行员在保持持续悬停的状态下，其工作负荷值可为 70（分数范围是 0～100）。这个例子源自加利福尼亚州伍德兰希尔斯 Perceptronics 公司副总裁阿扎德·马德尼对一项陆军的研究。对于保持持续悬停并同时进行坦克瞄准任务，其工作负荷也可能是 70。这种差异是由于飞行员在仅完成悬停任务（即没有水平或垂直移动）时，对自身赋予了严格的绩效要求。但在瞄准坦克时，为了将工作负荷保持在可控水平，就放松了对悬停的绩效要求，即可以出现几英尺的移动。这些定义使任务负荷与工作负荷能够在实际工作情况下得到解释。这些定义还可以对任务负荷与工作负荷进行逻辑上的正确分析。实际上，工作负荷永远不会超过 100%（一个人不能做不可能的事情）。任何允许工作负荷超过 100% 的理论或报告结果都是不现实的。但是，根据定义，任务负荷可能超过 100%。一个例子就是测量“所需时间 / 可用时间”。根据拟定的定义，如果绩效要求设置得太高（由此增加了所需的时间）或可用时间设置得太低，则此任务负荷的测量值就可能超过 100%。总之，即使任务负荷确实超过 100%，工作负荷也不能超过 100%。

工作负荷可通过独立任务绩效（见 2.1）或次任务绩效（见 2.2）进行测量，也可通过主观测量（见 2.3）或数字模拟测量（见 2.4）。工作负荷的生理测量也已得到应用，此处不进行讨论。Caldwell 等（1994）提供了一份有关采用生理指标进行工作负荷测量的有价值的参考资料。2.5 讨论了工作负荷与绩效之间的分离。Wierville 等（1979）、O’Donnell 和 Eggemeier（1986）给出了选用工作负荷测量技术的指导原则。脑力负荷内容可见 Moray（1982）。Wierville 和 Eggemeier（1993）列出了测量方法的 4 个关键方面：诊断性、通用敏感性、可迁移性和实施要求。通用性指导如图 2.1 所示，其中底部分支可以重复模拟。

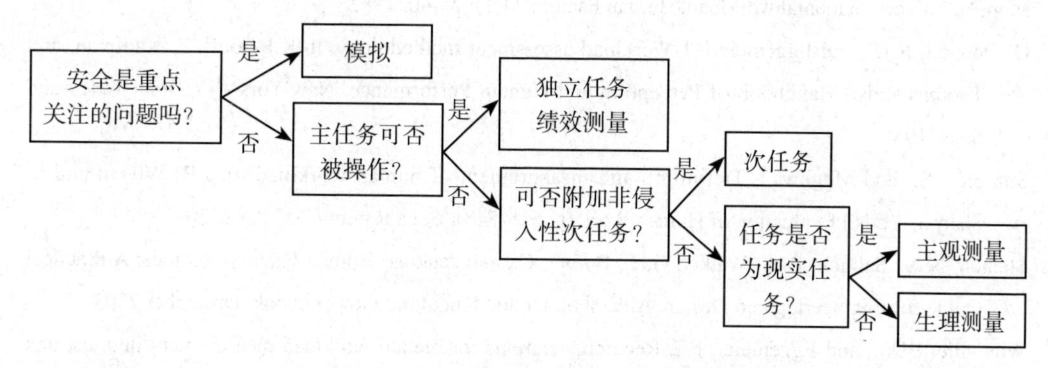

图 2.1 工作负荷测量技术的通用性指导

Stanton 等（2005）对工作负荷测量进行了类似分类，包括主任务和次任务的绩效测量、生理测量和主观测量。此外，Funke 等（2012）提出了团队工作负荷的理论以及主观、绩效、生理和策略转换测量。Sharples 和 Megaw（2015）对工作负荷测量技术进行了以下分类：

（1）分析技术　比较分析、数学模型、专家意见、任务分析方法和模拟模型。

（2）实验技术　主任务绩效、次任务绩效。

（3）心理生理技术　心脏活动、大脑活动、皮肤电活动、眼功能、体液分析、肌肉和运动分析。

（4）主观 / 操作员意见技术　单维量表、多维量表、相对判断、即时判断、访谈和观察。

最后，Matthews 和 Reinerman-Jones（2017）出版了一本关于工作负荷评估的著作。

原书参考文献

Caldwell, J.A, Wilson, G.F., and Cetinguc, M. Psychophysiological Assessment Methods (AGARD-AR-324). Neuilly-Sur-Seine, France: Advisory Group For Aerospace Research and Development, May 1994.

Funke, G.J., Knott, B.A., Salas, E., Pavlas, D., and Strang, A.J. Conceptualization and measurement of team workload: A critical need. Human Factors 54(1): 36-51, 2012.

Gartner, W.B., and Murph M.R. Concepts of workload. In B.O. Hartman and R.E. McKenzie (Eds.) Survey of Methods to Assess Workload (AGARD-AG-246). Neuilly-Sur-Seine, France: Advisory Group for Aerospace Research and Development, 1979.

Matthews, G., and Reinerman-Joes, L.E. Workload Assessment: How to Diagnose Workload Issues and

Enhance Performance. Santa Monica, California: Human Factors and Ergonomics Society, 2017.

Mora N. Subjective mental workload. Human Factors 24(1): 25-40, 1982.

O' Donnell, R.D., and Eggemeie F.T Workload assessment methodology. In K.R. Boff, L. Kaufman, and Thomas (Eds.) Handbook of Perception and Human Performance. New York, NY: John Wiley and Sons, 1986.

Sharples, S., and Megaw, T. Definition and measurement of human workload. In J.R. Wilson and S. Sharples (Eds.) Evaluation of Human Work (p. 515-548). Boca Raton: CRC Press, 2015.

Stanton, N.A., Salmon, P.M., Walker, G.H., Barber, C., and Jenkins, Human Factors Methods: A Practical Guide for Engineering and Design. Aldershot, United Kingdom: Gower ebook, December 2005.

Wierwille, W.W., and Eggemeier, F.T. Recommendations for mental workload measurement in a test and evaluation environment. Human Factors 35(2): 263-281, 1993.

Wierwille, W.W., Williges, R.C., and Schiflett, S.G. Aircrew workload assessment techniques. In B.O. Hartman and R.E. McKenzie (Eds.) Survey of Methods to Assess Workload (AGARD-AG-246). Neuilly-Sur-Seine, France: Advisory Group for Aerospace Research and Development, 1979.

2.1 工作负荷的独立绩效测量方法

绩效已被用于工作负荷测量。这些测量方法假设，随着工作负荷的增加，额外的加工处理需求将使绩效降低。O'Donnell 和 Eggemeier（1986）定义了采用绩效进行工作负荷测量的 4 个相关问题：①负荷过轻可能会提高绩效；②负荷过重可能会导致地板效应；③可能出现信息加工策略、培训或经验的混合效应；④测量方法只适用于特定任务，而不适用于其他任务。

Meshkati 等（1990）指出，当任务复杂或具有多个维度时，需要采用多种任务测量方法。此外，任务测量可能具有干扰性，也可能受到工作负荷之外其他因素（如动机和学习）的影响。

独立任务绩效测量包括机组工作负荷评估（见 2.1.1）、控制动作 / 单位时间（见 2.1.2）、扫视持续时间和频率（见 2.1.3）、负荷压力（见 2.1.4）、观测工作负荷区域（见 2.1.5）、信息增益率（见 2.1.6）、相对条件效率（见 2.1.7）、速度压力（见 2.1.8）、任务难度指数（见 2.1.9）和时间裕度（见 2.1.10）。

原书参考文献

Meshkati, N., Hancock, P.A., and Rahimi, M. Techniques in mental workload assessment. In J.R. Wilson and E.N. Corlett (Eds.) Evaluation of Human Work. A Practical Ergonomics Methodology (p. 605-

627). New York: Taylor & Francis Group, 1990.

O'Donnell, R.D., and Eggemeie F.T. Workload assessment methodology. In KR. Boff, L. Kaufman, and Thomas (Eds.) Handbook of Perception and Human Performance (p.42-1-42-49). New York: Wiley and Sons, 1986.

2.1.1 机组工作负荷评估系统

概述：机组工作负荷评估系统（AWAS）是英国宇航公司开发的一种时间轴分析软件，用于工作负荷预测。AWAS 需要 3 个输入条件：①飞行过程中飞行员任务的逐秒描述；②对威肯斯多资源理论加工通道中每个通道的需求；③同时性需求对单个通道的影响（Davies et al，1995）。

优势和局限性：Davies 等（1995）报告了 AWAS 工作负荷预测与听觉辨别次任务中错误数量的相关达到 0.904。该项研究的被试者为 2 名经验丰富的飞行员，研究用的平台为一架海上勇士模拟器。

数据需求：飞行任务的逐秒时间表、对每个信息处理渠道的需求以及同时性需求的影响。

阈值：未说明。

原书参考文献

Davies, A.K., Tomosz A., Hicks, M.R., and White, J. AWAS (Aircrew Workload Assessment System): Issues of theory, implementation, and validation. In R. Fuller, N. Johnston, and N. McDonald (Eds.) Human Factors in Aviation Operations. Proceedings of the 21st Conference of the European Association for Aviation Psychology (EAAP), vol. 3, Chapter 48, 1995.

2.1.2 控制动作 / 单位时间

概述：控制动作 / 单位时间是指在测量过程中，操作员对每个控制单元实施的控制输入总数除以总时间。

优势和局限性：Wierville 和 Connor（1983）指出，这一测量技术对工作负荷具有敏感性。其具体测量值是在一台动基飞行模拟器上对控制器（副翼、升降舵和方向舵）每秒的控制输入次数。对工作负荷的操纵是通过对俯仰稳定性、气流扰动、侧风方向和速度的控制实现的。

Porterfield（1997）采用类似方法，将空中交通管制员地空通信持续时间作为工作负荷测量指标。他报告了持续时间与空中交通工作负荷输入技术（ATWIT）之间的显著相关性（0.88），这是一种基于飞行员工作负荷客观 / 主观评估技术（POSWAT）的工作负荷评定。

Zeitlin（1995）基于每分钟制动次数加上车辆速度的对数，建立了驾驶员工作负荷指数。该指数对道路类型（农村、城市高速公路）的差异具有敏感性。

数据要求：控制动作必须得到明确定义。

阈值：未说明。

原书参考文献

Porterfield, D.H. Evaluating controller communication time as a measure of workload. The International Journal of Aviation Psychology 7(2): 171-182, 1997.

Wierwille, W.W., and Connor, S.A. Evaluation of 20 workload measures using a psychomotor task in a moving-base aircraft simulator. Human Factors 25(1): 1-16, 1983.

Zeitlin, L.R. Estimates of driver mental workload: A long term field trial of two subsidiary tasks. Human Factors 37(3): 611-621, 1995.

2.1.3 扫视持续时间和频率

概述：对视觉显示器的扫视持续时间和频率已被用作视觉工作负荷的测量指标。扫视的持续时间越长和（或）频率越高，视觉工作负荷就越高。

优势和局限性：Fairclough 等（1993）采用扫视持续时间计算驾驶员查看导航信息［纸质地图与液晶显示器（LCD）文本显示］、前方道路、后视镜、仪表板、左后视镜、右后视镜、左窗和右窗的时间百分比。这些数据是在一辆车上采集到的，该车行驶在英国道路上，车上装有数据采集设备。作者得出的结论是，这一“测量技术被证明具有足够的敏感性，可以对纸质地图和 LCD/ 文本显示进行区分，并可检测视觉场景中其他区域的相关变化”。但作者也提醒，扫视持续时间的缩短可能反映了驾驶员对纸质地图数量和易读性的应对策略。

作者还使用扫视持续时间和频率对两种车内路线导航系统进行比较。数据采集于 23 名德国被试者，实验中驾驶的车辆上装有数据采集设备。结果显示，“随着对导航显示屏扫视频率的增加，对仪表板、后视镜和左后视镜的扫视次数均显著减少”。基于这些结果，作者得出结论，“扫视持续时间表现出对信息更新的难度更为敏感。扫视频率代表了‘视觉检测行为’的数量”。

Wierville（1993）基于对驾驶员视觉行为的回顾得出结论，这种行为是“相对一致的”。

数据要求：记录被试者的眼睛位置。

阈值：0 ~ 无穷大。

原书参考文献

Fairclough, S.H., Ashby, M.C., and Parkes, A 岛 In-vehicle displays, visual workload and visibility evaluation. In A.G. Gale, I.D. Brown, C.M. Haslegrave, H.W. Kruysse, and Taylor (Eds). Vision in Vehicles IV (p.245-254). Amsterdam: North-Holland, 1993.

Wierwille, W.W. An initial model of visual sampling of in-car displays and controls. In A.G.Gale, I.D. Brown, C.M. Haslegrave, H.W. Kruysse, and S.P. Taylor (Eds.) Vision in Vehicles-IV (p. 271-280). Amsterdam: North-Holland, 1993.

2.1.4 负荷压力

概述: 负荷压力指在任务过程中增加必须监测的信号源数量而产生的压力（Chiles 和 Alluisi，1979）。

优势和局限性: 负荷压力会影响任务执行中出现的错误数量。在非实验室环境下，通过增加负荷压力以测量操作员的工作负荷，可能会有困难。

数据要求：必须明确定义信号源。

阈值：未说明。

原书参考文献

Chiles, W.D., and Alluisi, E.A. On the specification of operator or occupational workload with performance-measurement methods. Human Factors 21(5): 515-528, 1979.

2.1.5 观测工作负荷区域

概述：Laudeman 和 Palmer（1995）开发了观测工作负荷区域，以测量飞机驾驶舱的工作负荷。这一测量技术不是基于理论，而是基于工作负荷与任务限制之间的逻辑联系。用他们的话说：“驾驶舱里的每项任务都存在一个可被客观定义的机会窗口。驾驶舱里观测到的任务工作负荷，可赋予这样一种操作性定义，即由领域专家对最大的任务重要性做出评定。在任务机会窗口期，任务重要性作为任务重要性与时间的线性函数而增大。当任务机会窗口重叠由此导致任务函数重叠时，任务函数通过相加的方式得以组合，从而产生一种复合函数，其中包括两个或多个任务函数的观测工作负荷效应。我们将这些由两个或多个任务函数组成的复合函数，称为观测工作负荷函数。

我们提出从观测工作负荷函数中提取而来的重属测量构成一个区域，即所谓的观测工作负荷区域”。

优势和局限性：Laudeman 和 Palmer（1995）报告，副机长的工作负荷管理评定与观测工作负荷区域之间存在显著相关性。这种相关性是基于 18 名双人机组人员驾驶高仿真度飞行模拟器得出的。小的观测工作负荷区域与高的工作负荷管理评定相关。错误率越高的工作人员，观测工作负荷区域越大。该项技术需要专家提供任务重要性评定，同时也需要明确定义任务的开始和结束。

阈值：未说明。

原书参考文献

Laudeman, IV., and Palmer, E.A. Quantitative measurement of observed workload in the analysis of aircrew performance. International Journal of Aviation Psychology 5(2): 187-197, 1995.

2.1.6 信息增益率

概述：信息增益率测量技术基于希克定律，该定律指出反应时间（RT）是传输信息量的线性函数，（Ht）：RT=a+B（Ht）（Chiles 和 Alluisi，1979）。

优势和局限性：希克定律已在大量条件下得到了验证。然而，它仅限于一些分离的任务，除非该任务是正常程序的一部分，否则可能具有干扰性，尤其是在非实验室环境中。

数据要求：从反应时间估计信息增益率。通常使用机械秒表或软件时钟对时间进行采集。机械秒表需要频繁校准（如在每次试验之前），软件时钟需要稳定和恒定的电源。

阈值：未说明。

原书参考文献

Chiles, W.D., and Alluisi, E.A. On the specification of operator or occupational workload with performance-measurement methods. Human Factors 21(5): 515-528, 1979.

2.1.7 相对条件效率

概述：Paas 和 van Merrienboer（1993）将工作负荷评定与任务绩效指标相结合，以计算相对条件效率。评分从 1 分（非常非常低的脑力负荷）~ 9 分（非常非常高的脑力负荷）不等。绩效是以对测试问题正确答案的百分比进行测量的。相对条件效率被计算为“与假定效率为零的直线的垂直距离”。

优势和局限性：不同工作条件下的效率得分显著不同。

数据要求：未说明。

阈值：未说明。

原书参考文献

Paas, F.G.W.C., and van Merrienboer, JıThe efficiency of instructional conditions: An approach to combine mental effort and performance measures. Human Factors 35(4): 737-743, 1993.

2.1.8 速度压力

概述：速度压力是指通过提高一个或多个信号源的信号呈现速率而产生的压力。

优势和局限性：速度压力会影响错误的数量以及完成任务的时间（Conrad，1956；Knowles et al，1953）。在非实验室任务中施加速度压力可能有困难。

数据要求：该任务必须包括离散信号，其呈现速率可得到控制。

阈值：未说明。

原书参考文献

Conrad, R. The timing of signals in skill. Journal of Experimental Psychology 51: 365-370, 1956.

Knowles, W.B., Garvey, W.D., and Newlin, E.P. The effect of speed and load on display-control relationships. Journal of Experimental Psychology 46: 65-75, 1953.

2.1.9 任务难度指数

概述：任务难度指数由 Wickens 和 Yeh（1985）开发，用于对典型实验室任务的工作负荷进行分类。该指数有 4 个维度：

1. 对刺激的熟悉程度

0= 字母；

1= 空间点图案，跟踪光标。

2. 并行任务数量

0= 单任务；

1= 双重任务。

3. 任务难度

0= 记忆组块为 2；

1= 记忆组块为 4，二阶追踪，延迟回忆。

4. 资源竞争

0= 无竞争；

1= 刺激模式（视觉、听觉）或中央处理模式（空间、言语）的竞争（Gopher 和 Braune，1984）。

任务难度指数是上述 4 个维度中每个维度的得分总和。

优势和局限性：Gopher 和 Braune（1984）报告，任务难度指数与工作负荷主观测量之间存在显著的正相关（0.93）。其数据基于 55 名男性被试者在 21 项任务中的反应，这些任务包括斯滕伯格记忆任务、隐藏模式、卡片旋转追踪、迷宫追踪、延迟数字回忆和双耳分听。

数据要求：需要用户在上述 4 个维度上对所要完成的任务做出描述。

阈值：在 0 和 4 之间变化。

原书参考文献

Gopher, D., and Braune, R. On the psychophysics of workload: Why bother with subjective measures? Human Factors 26(5): 519-532, 1984.

Wickens, C.D., and Yeh, Y. POCs and performance decrements: A reply to Kantowitz and Weldon. Human Factors 27: 549-554, 1985.

2.1.10 时间裕度

概述：在回顾了当前飞行工作负荷的测量技术后，Gawron 等（1989）指出了 5 个主要的不足之处：①主观评定表现出很大的个体差异，远远超出了可归因于经验和能力的差异；②大多数测量技术并不全面，仅评估了工作负荷的单个维度；③许多工作负荷测量由于要求任务响应、主观评定或使用电极等而具有侵入性；④一些测量技术在高压力状态下会让被试者感到难以理解，如在高工作负荷环境中，评定的含义会被遗忘，因此飞行员给出的值会低于实际值；⑤被试者会错误感知要执行的任务数量，并提供错误的低工作负荷度量。Gawron 表明了工作负荷测量的目的在于识别潜在的危险状况。设计不良、程序不当、培训不足或接近灾难的状况都可能引发潜在危险。对某种情况危险状态的最客观测量指标，是若不采取控制行动便将导致飞机被摧毁所经历的时间。这些时间包括：直到飞机撞击的时间、直到飞机受到过度应力而断裂的时间，以及直到飞机燃料耗尽的时间。

优势和局限性：工作负荷的时间裕度测量是定量的、客观的，与绩效直接相关，可以在任务中有针对性地使用。例如，地空导弹摧毁飞机之前的时间是空地突击任务中的一个很好的测量指标。此外，时间裕度易于从飞机性能的测量中计算出来。最后，在任何长度的间隔上均可计算出相应的时间，由此进行逐个间隔的工作负荷比较。

数据要求：只要有飞机性能数据，这种方法就很有用。

阈值：最小值为0，最大值为无穷大。

原书参考文献

Gawron, V.J., Schiflett, S.G., and Miller, J.C. Measures of in-flight workload. In R.S. Jensen (Ed.) Aviation Psychology (p. 240-287). London: Gower, 1989.

2.2 工作负荷的次任务绩效测量

次任务测量法是用于衡量工作负荷的最常用技术之一。这种方法需要被试者在特定要求下完成主任务，同时利用空闲注意力或能力完成次任务。在此情况下，工作负荷的操作定义就是次任务绩效的下降程度。

优势：次任务测量法有几个优点。第一，它对被试者的能力变化较为敏感，并可区分单任务绩效所无法区分的几种设备布局（Slocum et al，1971）；第二，它可提供因压力导致任务受损的一个敏感性指标；第三，它可提供用于比较不同任务的共同尺度。

局限性：次任务测量法的一个主要缺点是对主任务绩效产生干扰（Williges和Wierwille，1979）。但是，Vidulich（1989a）从两个实验中得出结论，不干扰主任务绩效的次任务，对主任务难度并不敏感；Vidulich（1989b）认为，附加任务的敏感性与其对主任务的干扰性直接相关。

Damos（1993）分析了评估单双重任务绩效的14项研究的结果，得到的结论是："单任务和多任务测量的效应量在统计学上均不为零，多任务测量的效应量高于相应的单任务测量。但相应的预测效度低"。Poulton（1965）指出，对不同敏感度的绩效测试结果进行比较是困难的。为了解决这个问题，Colle等（1988年）建立了双重权衡曲线以平衡不同次任务的绩效水平。在这种方法中，"两个不同的次任务与相同的主任务搭配。在每个次任务与主任务搭配时，会得到一条权衡曲线"。

另一个潜在的缺点是，被试者在完成次任务时可能会使用不同的策略。例如，

Schneider 和 Detweiler（1988）提出了与双重任务绩效有关的 7 种补偿活动：①放弃和推迟任务，以及进行压力预处理；②放弃高负荷的策略；③利用非竞争性资源；④随时间推移进行多路复用；⑤缩短传输时间；⑥转换同时传输的干扰；⑦分块传输。

Wetherell（1981）开展了一项双重任务研究，主任务是驾驶任务，次任务有 7 项，包括加法、言语推理、注意、短时记忆、随机数字生成、记忆搜索和白噪声，其结论是：任何一项任务结果均不是心理工作负荷的明确指标。但主任务表现出了显著的性别差异，女司机的主任务绩效下降明显。Ogdon 等（1979）通过文献综述得出结论，即不存在最佳的单个次任务可对工作负荷进行测量。Rolfe（1971）指出：“次任务并不能替代对主任务绩效的准确和综合的测量”。

建议：为了帮助研究人员选择工作负荷的次任务测量，Knowles（1963）制定了一套综合的次任务选择标准：①不干扰主任务；②易于学习；③自定进度；④连续计分；⑤与主任务兼容；⑥敏感性；⑦代表性。与此类似，Fisk 等（1983）制定了 3 个标准，并在实验中进行了测试：①次任务必须使用与主任务相同的资源；②单任务和双重任务的绩效必须得到保持；③次任务必须要“予以控制或付出努力进行加工”。然而，Liu 和 Wickens（1987）研究发现，相较于不使用相同资源的任务，使用相同资源的任务将产生更大的工作负荷。

Brown（1978）建议，“双重任务法应该用于研究工作负荷处理中对可用加工资源的个体差异”。Meshkati 等（1990）指出，不要在同一个实验中使用次任务和主观测量，因为操作者可能将次任务绩效作为他们工作负荷主观评价的组成部分。

原书参考文献

Brown, I.D. Dual task methods of assessing work-load. Ergonomics 21(3): 221-224, 1978.

Colle, H., Amell, J.R., Ewry, M.E., and Jenkins, M.L. Capacity equivalence curves: A double trade-off curve method for equating task performance. Human Factors 30(5): 645-656, 1988.

Damos, D. Using meta-analysis to compare the predictive validity of single- and multiple-task measures of flight performance. Human Factors 35(4): 615-628, 1993.

Fisk, A.D., Derrick, W.L., and Schneider, W. The assessment of workload: Dual task methodology. Proceedings of the Human Factors Society 27th Annual Meeting, 229-233, 1983.

Knowles, W.B. Operator loading tasks. Human Factors 5: 151-161, 1963.

Liu, Y., and Wicker, C.D. The effect of processing code, response modality and task difficulty on dual task performance and subjective workload in a manual system. Proceedings of the Human Factors Society 31st Annual Meeting, 847-851, 1987.

Meshkati, N., Hancock, P.A., and Rahimi, M. Techniques in mental workload assessment. In J.R. Wilson and E.N. Corlett (Eds.) Evaluation of a Human Work. A Practical Ergonomics Methodology (pp. 605-627). New York: Taylor & Francis Group, 1990.

Ogdon, G.D., Levine, J.M., and Eisner, E.J. Measurement of workload by secondary tasks. Human Factors 21(5): 529-548, 1979.

Poulton, E.C. On increasing the sensitivity of measures of performance. Ergonomics 8(1): 69-76, 1965.

Rolfe, J.M. The secondary task as a measure of mental load. In W.T. Singleton, J.C.

Fox, and D. Whitfield (Eds.) Measurement of Man at Work (p.135-148). London: Taylor & Francis Group, 1971.

Schneider, W., and Detweiler, M. The role of practice in dual-task performance: Toward workload modeling in a connectionist/control architecture. Human Factors 30(5): 539-566, 1988.

Slocum, G.K., Williges, B.H., and Roscoe, S.N. Meaningful shape coding for aircraft switch knobs. Aviation Research Monographs 1(3): 27-40, 1971.

Vidulich, M.A. Objective measures of workload: Should a secondary task be secondary? Proceedings of the Fifth International Symposium on Aviation Psychology, 802-807, 1989a.

Vidulich, M.A. Performance-based workload assessment: Allocation strategy and added task sensitivity. Proceedings of the Third Annual Workshop on Space Operations, Automation, and Robotics (SOAR'89), 329-335, 1989b.

Wetherell, A. The efficacy of some auditory-vocal subsidiary tasks as measures of the mental load on male and female drivers. Ergonomics 24(3): 197-214, 1981.

Williges, R.C., and Wierwille, W.W. Behavioral measures of aircrew mental workload. Human Factors 21: 549- 574, 1979.

2.2.1 卡片分类次任务

概述：被试者必须按数字、颜色和（或）花色对卡片进行分类（Lysaght et al, 1989）。

优势和局限性：按照卡片分类规则，任务可以对感知和认知过程提出要求（Lysaght et al, 1989）。基于 Murdock（1965）的两个实验，Lysaght 等（1989）指出，将记忆主任务与卡片分类次任务进行双重任务搭配，会导致这两项任务的成绩下降。尽管被用作主任务，Courtney 和 Shou（1985）总结认为，卡片分类是一种“快速而简单的估计相对视叶大小的手段”。

阈限：未说明。

原书参考文献

Courtney, Aıand Shou, C.H. Simple measures of visual-lob e size and search performance. Ergonomi cs

28(9): 1319-1331, 1985.

Lysaght, R.J., Hill, Sι, Dick, A.O., Plamondon, B.D., Linton, P.M., Wierwille, W.W., Zaklad, A.L., Bittner, A.C., and Wherr y, R.J. Operator workload: Comprehensive review and evaluation of operator workload methodologies (Technical Report 851). Alexandria, VA: Army Research Institute for the Behavioral and Social Sciences, June 1989.

Murdock, B.B. Effects of a subsidiary task on short-term memory. British Journal of Psychology 56: 413-419, 1965.

2.2.2 选择反应时次任务

概述：被试者被赋予一个以上的刺激，必须对每个刺激产生不同的反应（Lysaght et al，1989）。

优势和局限性：可以采用视觉或听觉刺激，反应方式通常是手动的。理论上讲，选择反应时对中枢加工和反应选择均有要求（Lysaght et al，1989）。

Lysaght 等（1989）根据使用选择反应时次任务的 19 项研究指出，在双重任务中，选择反应时、问题解决和飞行模拟主任务的绩效保持稳定；追踪、选择反应时、记忆、监控、驾驶和词汇决策主任务的绩效下降；追踪绩效有所改善。次任务的绩效在追踪和驾驶主任务中保持稳定；在追踪、选择反应时、记忆、监控、问题解决、模拟飞行、驾驶和词汇决策主任务中有所下降（表 2.1）。

Hicks 和 Wierwille（1979）通过增加驾驶模拟器中的气流对工作负荷进行控制，研究显示，次任务选择反应时对气流扰动的敏感性，不如其对转向回正、偏航偏差、主观意见评分和横向偏差的敏感性强。Johnson 和 Haygood（1984）通过控制道路宽度以改变模拟驾驶主任务的难度，次任务是视觉选择反应时任务。研究结果发现，当主任务的难度作为主任务绩效的一个函数被调整时，追踪得分最高，而当难度固定时，追踪得分最低。

Klapp 等（1987）要求被试者在用左手执行双选听觉反应时任务的同时，用右手执行视觉零阶追踪任务。在此双重任务条件下，追踪任务与持续 333 毫秒或更长时间的犹豫有关。追踪任务的退化与反应时任务的增强有关。Gawron（1982）报告，当一个四项选择的反应时任务先同时进行再依次进行时，反应时间更长，正确率更低。

数据要求：实验者必须能够记录和计算正确反应的平均反应时、错误反应的平均（中位）反应时、正确反应的数量，以及错误反应的数量。

阈值：未说明。

表 2.1 影响与选择反应时次任务搭配的主任务绩效的参考文献列表

类型	主任务			次任务		
	稳定的	降级的	增强的	稳定的	降级的	增强的
选择反应时任务	Becker（1976） Ellis（1973）	Detweile 和 Lundy（1995）[a] Gawron（1982）[a] Schvaneveldt（1969）		Hicks 和 Wierwille（1979）	Becker（1976） Detweiler 和 Lundy（1995）[a] Ellis（1973） Gawron（1982）[a] Schvaneveldt（1969）	
驾驶任务	Kantowitz（1995）	Allen et al.（1976） Brown et al.（1969） Glaser 和 Glaser（2015）		Allen et al.（1976） Drory（1985）[a]	Brown et al.（1969） Glaser 和 Glaser（2015）	
模拟飞行任务	Bortolussi et al.（1989） Bortolussi et al.（1986） Kantowitz et al.（1983）[a] Kantowitz et al.（1984）[a] Kantowitz et al.（1987）				Bortolussi et al.（1989） Bortolussi et al.（1989）	
词汇决策任务		Becker（1976）			Becker（1976）	
记忆监控任务		Logan（1970） Smith（1969）			Logan（1970） Krol（1971） Smith（1969）	
问题解决任务	Fisher（1975a） Fisher（1975b）				Fisher（1975a） Fisher（1975b）	
追踪任务		Benson et al.（1965） Loeb 和 Jones（1978） Giroud et al.（1984） Israel et al.（1980a, b） Israel et al.（1980a, b） Klapp et al.（1984） Wempe 和 Baty（1968） Klapp et al.（1987）a		Loeb 和 Jones（1978）	Benson wt al.（1965） Damos（1978） Giroud et al.（1984） Israel et al.（1989 a，b） Klapp et al.（1984）	Klapp et al.（1987）

注：摘自 Lysaght el al.（1985）。

a 未包含在 Lysaght el al.（1989）。

原书参考文献

Allen, R.W., Jex, H.R., McRuer, D.T, and DiMarco, R.J. Alcohol effects on driving behavior and performance in a car simulator. IEEE Transactions on Systems Man and Cybernetics SMC-5: 485-505, 1976.

Becker, C.A. Allocat ion of attention during visual word recognition. Journal of Experimental Psychology: Human Perception and Performance 2: 556-566, 1976.

Benson, A.J., Huddleston, J.H.F., and Rolfe, J.M. A psychophysiological study of compensatory tracking on a digital display. Human Factors 7: 457-472, 1965.

Bortolussi, M.R., Hart, S.G., and Shively, R.J. Measuring moment-to-moment pilot workload using synchronous presentations of secondary tasks in a motion-base trainer. Proceedings of the Fourth Symposium on Aviation Psychology.

Columbus, OH: Ohio State University, 1987. Also published in Aviation, Space, and Environmental Medicine 60(2): 124-129, 1989.

Bortolussi, M.R., Kantowitz, B.H., and Hart, S.G. Measuring pilot workload in a motion base trainer: A comparison of four techniques. Proceedings of the Third Symposium on Aviation Psychology, 263-270, 1985.

Bortolussi, M.R., Kantowitz, B.H., and Hart, S.G. Measuring pilot workload in a motion base trainer. Applied Ergonomics 17: 278-283, 1986.

Brown, I.D., Tickner, A.H., and Simmonds, D.C.V. Interference between concurrent tasks of driving and telephoning. Journal of Applied Psychology 53: 419-424, 1969. Damos, D. Residual attention as a predictor of pilot performance. Human Factors 20: 435-440, 1978.

Detweiler, M., and Lundy, D.H. Effects of single- and dual-task practice on acquiring dual-task skill. Human Factors 37(1): 193-211, 1995.

Drory, A. Effects of rest and secondary task on simulated truck-driving performance. Human Factors 27(2): 201-207, 1985.

Ellis, J.E. Analysis of temporal and attentional aspects of movement control. Journal of Experimental Psychology 99: 10-21, 1973.

Fisher, S. The microstructure of dual task interaction. 1. The patterning of main-task responses within secondary-task intervals. Perception 4: 267-290, 1975a.

Fisher, S. The microstructure of dual task interaction. 2. The effect of task instructions on attentional allocation and a model of attentional-switching. Perception 4: 459-474, 1975b.

Gawron, V.J. Performance effects of noise intensity, psychological set, and task type and complexity. Human Factors 24(2): 225-243, 1982.

Giraud, Y., Laurencelle, L., and Proteau, L. On the nature of the probe reaction-time task to uncover the attentional demands of movement. Journal of Motor Behavior 16: 442-459, 1984.

Glaser, Y.G., and Glaser, D.S. A comparison between a touchpad-controlled high forward Head-down

Display (HF-HDD) and a touchscreen-controlled Head-down Display (HDD) for in-vehicle secondary tasks. Proceedings of the Human Factors and Ergonomics Society 59th Annual Meeting, 1387-1391, 2015.

Hicks, T.G., and Wierwille, W.W. Comparison of five mental workload assessment procedures in a moving-base during simulator. Human Factors 21: 129-143, 1979.

Israel, J.B., Chesney, G.L., Wickens, C.D., and Donchin, E. P300 and tracking difficulty: Evidence for multiple resources in dual-task performance. Psychophysiology 17: 259-273, 1980a.

Israel, J.B., Wickens, C.D., Chesney, G.L., and Donchin, E. The event-related brain potential as an index of display-monitoring workload. Human Factors 22: 211-224, 1980b.

Johnson, D.F., and Haygood, R.C. The use of secondary tasks in adaptive training. Human Factors 26(1): 105-108, 1984.

Kantowitz, B.H. Simulator evaluation of heavy-vehicle driver workload. Proceedings of the Human Factors and Ergonomics Society 39th Annual Meeting, 2: 1107-1111, 1995.

Kantowitz, B. H., Bortolussi, M.R., and Hart, S.G. Measuring pilot workload in a motion base simulator: Ill. Synchronous secondary task. Proceedings of the Human Factors Society 2: 834-837, 1987.

Kantowitz, B.H., Hart, S.G., and Bortolussi, M.R. Measuring pilot workload in a moving-base simulator: I. Asynchronous secondary choice-reaction time task. Proceedings of the 27th Annual Meeting of the Human Factors Society, 319-322, 1983.

Kantowitz, B.H., Hart, S.G., Bortolussi, M.R., Shively, R.J., and Kantowitz, S.C. Measuring pilot workload in a moving-base simulator: IL Building levels of workload. NASA 20th Annual Conference on Manual Control, vol. 2, 373-396, 1984.

Klapp, S.T., Kelly, P.A., Battiste, V., and Dunbar, S. Types of tracking errors induced by concurrent secondary manual task. Proceedings of the 20th Annual Conference on Manual Control, 299-304, 1984.

Klapp, S.T., Kelly, P.A., and Netick, A. Hesitations in continuous tracking induced by a concurrent discrete task. Human Factors 29(3): 327-337, 1987

Krol, J.P. Variations in ATC-workload as a function of variations in cockpit workload. Ergonomics 14: 585-590, 1971.

Loeb, M., and Jones, P.D. Noise exposure, monitoring and tracking performance as a function of signal bias and task priority. Ergonomics 21(4): 265-272, 1978.

Logan, G.D. On the use of a concurrent memory load to measure attention and automaticity. Journal of Experimental Psychology: Human Perception and Performance 5: 189-207, 1970.

Lysaght, R.J., Hill, S.G., Dick, A.O., Plamondon, B.D., Linton, P.M., Wierwille, W.W., Zaklad, A.L., Bittner, A.C., and Wherry, R.J. Operator workload: Comprehensive review and evaluation of operator workload methodologies (Technical Report 851). Alexandria, VA: Army Research Institute for the Behavioral and Social Sciences, June 1989.

Schvaneveldt, R.W. Effects of complexity in simultaneous reaction time tasks. Journal of Experimental

Psychology 81: 289-296, 1969.

Smith, M.C. Effect of varying channel capacity on stimulus detection and discrimination. Journal of Experimental Psychology 82: 520-526, 1969.

Wempe, T.E., and Baty, D.L. Human information processing rates during certain multiaxis tracking tasks with a concurrent auditory task. IEEE Transactions on Man-Machine Systems 9: 129-138, 1968.

2.2.3 分类次任务

概述：被试者必须判断成对符号在形式上是否相同。例如，在物理层面（AA）或名称层面（Aa）（Lysaght et al，1989）、或在属性层面（胡椒属于热性）、或在类属关系层面（苹果属于水果）对字母进行匹配。认知加工要求在 Miller（1975）的研究中进行了讨论。

优势和局限性：根据任务匹配需要，任务可对感知过程（物理匹配）和（或）认知过程（名称匹配或类别匹配）提出要求（Lysaght et al，1989）。所用的自变量和因变量会使结果存在差异，并对主任务产生影响。

自变量——Beer 等（1996 年）报告，在单任务模式下，飞机分类任务的绩效并不能预测双重任务模式下的绩效。在一个类似的实验中，Shaw 等（2010）比较了 3 种控制模式和 2 种任务负荷水平下，操控 3 架无人飞行器对民用车辆进行“涂装”的任务绩效。研究发现，在低任务负荷和高任务负荷条件下，前者的涂装效率比后者更高，但控制模式没有显著影响。

主任务——Mastroianni 和 Schopper（1986）报告，随着任务难度的增加或追踪主任务所需认知能力的增加，听觉分类次任务（最简单版本 - 音调低或高，中等难度版本——前一个音调低或高，最难版本——再前一个音调低或高）的绩效会下降。当有次任务时，主任务绩效会下降。然而，Cao 和 Liu（2013）要求被试者在执行模拟驾驶任务时，判断其听到的两个句子是否具有相同的含义。如果驾驶是主任务，那么这个次任务并不影响驾驶绩效。

因变量——Damos（1985）报告，单任务和双重任务绩效的正确率只受试次的影响，而不受行为模式或进度条件的影响。然而，在单任务条件下，正确的反应时得分与试次、进度和行为模式（交互作用）显著相关；在双重任务条件下，正确的反应时得分与试次、行为模式、试次和进度（交互作用）、试次和行为模式（交互作用）显著相关。

Carter 等（1986）报告，反应时随着验证一个句子的记忆步骤数量的增加而增加，斜率并不是衡量绩效的一个可靠指标。

数据要求：用于评估这项任务的绩效数据包括物理匹配的平均反应时、类别匹配的平均反应时、物理匹配的错误数，以及类别匹配的错误数（Lysaght et al，1989）。

阈值：Kobus 等（1986）对 5 类目标任务进行了研究，其中报告了某类目标任务的正确分类时间为视觉 =224.6 秒、听觉 =189.6 秒、多模态（即视觉和听觉）=212.7 秒。这些条件之间没有显著差异。

原书参考文献

Beer, M.A., Gallaway, R.A., and Previc, R.H. Do individuals' visual recognition thresholds predict performance on concurrent attitude control flight tasks? The International Journal of Aviation Psychology 6(3): 273-297, 1996.

Cao, S., and Liu, Y. Gender factor in lane keeping and speech comprehension dual tasks. Proceedings of the Human Factors and Ergonomics Society 57th Annual Meeting, 1909-1913, 2013.

Carter, R.C., Krause, M., and Harbeson, M.M. Beware the reliability of slope scores for individuals. Human Factors 28(6): 673-683, 1986.

Damos, D. The relation between the type A behavior pattern, pacing, and subjective workload under single- and dual-task conditions. Human Factors 27(6): 675-680, 1985.

Kobus, D.A., Russotti, J., Schlichting, C., Haskell, G., Carpente 乙 S., and Wojtowicz, J. Multimodal detection and recognition performance of sonar operations. Human Factors 28(1): 23-29, 1986.

Lysaght, R.J., Hill, S.G., Dick, A.O., Plamondon, B.D., Linton, P.M., Wierwille, W.W., Zaklad, A.L., Bittner, A.C., and Wherry, R.J. Operator workload: Comprehensive review and evaluation of operator workload methodologies (Technical Report 851). Alexandria, VA: Army Research Institute for the Behavioral and Social Sciences, June 1989.

Mastroianni, C.R., and Schopper, A.W. Degradation of force-loaded pursuit tracking performance in a dual-task paradigm. Ergonomics 29(5): 639-647, 1986.

Miller, K. Processing capacity requirements for stimulus encoding. Acta Psychologica 39: 393-410, 1975.

Shaw, T., Emfield, A., Garcia, A., de Visser, E., Miller, C., Parasuraman, R., and Fern, L. Evaluating the benefits and potential costs of automation delegation for supervisory control of multiple UAVs. Proceedings of the Human Factors and Ergonomics Society 54th Annual Meeting, 1498-1502, 2010.

2.2.4 交叉适应负荷次任务

概述：交叉适应负荷任务作为次任务，要求被试者必须在主任务绩效达到或超过预定绩效标准时才能实施（Kelly and Wargo，1967）。

优势和局限性：交叉适应负荷任务不太可能降低主任务的绩效，但具有干扰性，因此在非实验室环境中使用起来比较困难。

数据要求：需要对主任务绩效标准进行明确和量化，对绩效进行监控，提示被试者何时执行交叉适应负荷任务。

阈值：取决于所使用的主任务和交叉适应负荷任务的类型。

原书参考文献

Kelly, C.R., and Wargo, M.J. Cross-adaptive operator loading tasks. Human Factors 9: 395-404, 1967.

2.2.5 探测次任务

概述：被试者必须探测一个可能出现也可能不出现的特定刺激或事件。例如，探测 4 个灯中哪个灯将闪烁。在探测发生之前，被试者通常会收到一个提示信号（如音调），因此需要给予间歇性地注意（Lysaght et al，1989）。

优势和局限性：该类任务对感知过程提出了要求（Lysaght et al，1989）。Lysaght 等（1989）对使用探测次任务的 5 项研究进行了回顾，结果发现，对于双重任务而言，分类主任务的绩效保持稳定；追踪、记忆、监控和探测主任务的绩效有所下降。在所有情况下，探测次任务的绩效均有所下降（表 2.2）。

数据要求：需要计算正确探测的平均反应时和正确探测的数量。

阈值：未说明。

表 2.2 影响与探测次任务搭配的主任务绩效的参考文献列表

类型	主任务			次任务		
	稳定的	降级的	增强的	稳定的	降级的	增强的
探测任务	Wickens et al.（1981）			Wickens et al.（1981）		
驾驶任务	Moskovitch et al.（2010）[a]			Verway（2020）[a]		
记忆任务				Shulman 和 Greenberg（1971）		
追踪任务	Wickens et al.（1981）			Wickens et al.（1981）		

注：摘自 Lysaght el al.（1989）。

a 未包含在 Lysaght el al.（1989）。

原书参考文献

Lysaght, R.J., Hill, S.G., Dick, A.O., Plamondon, B.D., Linton, P.M., Wierwille, W.W., Zaklad, A.L., Bittner, A.C., and Wherry, R.J. Operator workload: Comprehensive review and evaluation of operator workload methodologies (Technical Report 851). Alexandria, VA: Army Research Institute for the Behavioral and Social Sciences, June 1989.

Moskovitch, Y., Jeon, M., and Walker, B.N. Enhanced auditory menu cues on a mobile phone improve time-shared performance of a driving-like dual task. Proceedings of the Human Factors and Ergonomics Society 54th Annual Meeting, 1321-1325, 2010.

Shulman, H.G., and Greenberg, S.N. Perceptual deficit due to division of attention between memory and perception. Journal of Experimental Psychology 88: 171-176, 1971.

Verwey, W.B. On-line driver workload estimation. Effects of road situation and age on secondary task measures. Ergonomics 43(2): 187-209, 2000.

Wickens, C.D., Mountford, S.J., and Schreiner, W. Multiple resources, task-hemispheric integrity, and individual differences in time sharing. Human Factors 23: 211-229, 1981.

2.2.6 分心次任务

概述：被试者以相当自动的方式（如大声数数）完成一项任务（Lysaght et al，1989）。

优势和局限性：这种任务旨在分散被试者的注意力，以防止其对主任务所需信息进行演练（Lysaght et al，1989）。

Lysaght 等（1989）基于一项研究发现，当记忆主任务附加分心次任务时，记忆主任务的绩效会下降。Drory（1985）报告，在模拟器上，当主驾驶任务附加分心次任务（即报告里程表当前读数的最后两位数字）时，制动反应时显著缩短，驾驶盘反转也更少。分心次任务对追踪误差、制动反应次数或控制光反应没有影响。

Zeitlin（1995）开展了一项研究，在公路上开车时附加两项听觉次任务（延迟数字回忆和随机数字生成），结果发现，随着交通密度和平均速度的增加，这两项任务的绩效均有所下降。

数据要求：未说明。

阈限：未说明。

原书参考文献

Drory, A. Effects of rest and secondary task on simulated truck-driving task performance. Human Factors 27(2): 201-207, 1985.

Lysaght, R.J., Hill, Sι, Dick, A.O., Plamondon, B.D., Linton, P.M., Wierwille, W. W., Zaklad, A.L., Bittner, A.C., and Wherry R.J. Operator workload: Comprehensive review and evaluation of operator workload methodologies (Technical Report 851). Alexandria, VA: Army Research Institute for the Behavioral and Social Sciences, June 1989.

Zeitlin, L.R. Estimates of driver mental workload: A long-term field trial of two subsidiary tasks. Human Factors 37(3): 611-621, 1995.

2.2.7 驾驶次任务

概述：被试者操作 1 台驾驶模拟器或 1 辆真实的机动车（Lysaght et al，1989）。

优势和局限性：该类任务需要复杂的心理运动技能（Lysaght et al，1989）。

Brouwer 等（1991）报告，在补偿性车道追踪的双重任务中，高龄组（平均年龄为 64.4 岁）的绩效明显低于低龄组（平均年龄为 26.1 岁）。该项研究的次任务为定时、自定进度的视觉分析任务。

Korteling（1994）则未发现年轻驾驶员（21 ~ 34 岁）和年长驾驶员（65 ~ 74 岁）在单任务（驾驶）和双重任务（增加跟车任务）中的驾驶绩效有显著差异。然而，在增加转向任务后，跟车绩效下降了 24%。

数据要求：实验者应该能够记录完成一次试验的总时间、加速率变化的次数、搜索次数、脚刹操作次数、转向回正次数、碰撞障碍物的次数、高程转向偏差、偏航偏差和横向偏差（Lysaght et al，1989）。

阈限：未说明。

原书参考文献

Brouwer, W.H., Waterink, W., van Wolffelaar, P.C., and Rothengatten, T. Divided attention in experienced young and older drivers: Lane tracking and visual analysis in a dynamic driving simulator. Human Factors 33(5): 573-582, 1991.

Korteling, J.E. Effects of aging, skill modification, and demand alternation on multiple-task performance. Human Factors 36(1): 27-43, 1994.

Lysaght, R.J., Hill, S.G., Dick, A.O., Plamondon, B.D., Linton, P.M., Wierwille, W.W., Zak lad, A.L., Bittner, A.C., and Wherry, R.J. Operator workload: Comprehensive review and evaluation of operator workload methodologies (Technical Report 851). Alexandria, VA: Army Research Institute for the Behavioral and Social Sciences, June 1989.

2.2.8 识别 / 追踪次任务

概述：被试者通过书写或口头表达 / 复诵视觉显示器上呈现的一段信息，以对变化的符号（数字和（或）字母）进行识别（Lysaght et al，1989）。

优势和局限性：该类任务对感知过程（即注意力）提出了要求（Lysaght et al，1989）。

Lysaght 等（1989）根据使用识别次任务的 9 项研究指出，识别主任务的绩效保持稳定；追踪、记忆、探测、驾驶和空间转换主任务的绩效下降。在追踪和识别主任务中，识别次任务的绩效保持稳定；在监控、探测、驾驶和空间转换主任务中，识别次任务的绩效有所下降（表 2.3）。

然而，Wierwille 和 Connor（1983）报告，当主任务是对移动的飞行模拟器进行控制时，数字追踪次任务对主任务工作负荷的变化不敏感，主任务工作负荷则通过操纵俯仰稳定性水平、气流扰动水平以及侧风速度和方向予以改变。

Savage 等（1978）通过操纵工作负荷的 4 个水平（1、2、3 或 4 m），以评估对监控主任务的敏感性。次任务中说出随机数字的数量对工作负荷最敏感。连续说出最长数字串和三联体的数量也明显受到工作负荷的影响。但是，口头反应之间的最长间隔对主任务的工作负荷水平不敏感。

数据要求：该类任务使用的数据包括每分钟正确的单词数量、说出的数字数量、说出的数字之间的平均时间间隔，以及漏报的数量（Lysaght et al，1989）。

阈限：未说明。

表 2.3　影响与识别次任务搭配的主任务绩效的参考文献列表

类型	主任务			次任务		
	稳定的	降级的	增强的	稳定的	降级的	增强的
探测任务		Price（1975）			Price（1975）	
驾驶任务		Hicks 和 Wierwille（1979） Louie 和 Mouloua（2015）		Louie 和 Mouloua（2015）	Wierwille et al.（1977）	
识别任务	Allport et al.(1972）			Allport et al.（1972）		
记忆任务		Mitsuda（1968）				
监控任务					Savage et al.（1978）	
空间变换任务		Fournier 和 Stager（1976）			Fournier 和 Stager（1976）	
追踪任务		Gabay 和 Merhav（1977）		Gabay 和 Merhav（1977）		

注：摘自 Lysaght el al.（1989）。

原书参考文献

Allport, D.A., Antonis, B., and Reynolds, P. On the division of attention: A disproof of the single channel hypothesis. Quarterly Journal of Experimental Psychology 24: 225-235, 1972.

Fournier, B.A., and Stager, P. Concurrent validation of a dual-task selection test. Journal of Applied

Psychology 5: 589-595, 1976.

Gabay, E., and Merhav, S.J. Identification of a parametric model of the human operator in closed-loop control tasks. IEEE Transactions on Systems, Man, and Cybernetics. SMC-7: 284 -292, 1977.

Hicks, T.G., and Wierwille, W.W. Comparison of five mental workload assessment procedures in a moving-base driving simulator. Human Factors 21: 129-142, 1979.

Louie, J.F.,and Mouloua, M. Individual differences in cognition as predictors of driving performance. Proceedings of the Human Factors and Ergonomics Society 59th Annual Meeting, 1540- 1544, 2015.

Lysaght, R.J., Hill, S.G., Dick, A.O., Plamondon, B.D., Linton, P.M., Wierwille, W. Zaklad, A.L., Bittner, A.C., and Wherry, R.J. Operator workload: Comprehensive review and evaluation of operator workload methodologies (Technical Report 851). Alexandria, VA: Army Research Institute for the Behavioral and Social Sciences, June 1989.

Mitsuda, M. Effects of a subsidiary task on backward recall. Journal of Verbal Learning and Verbal Behavior 7: 722-725, 1968.

Price, D.L. The effects of certain gimbal orders on target acquisition and workload. Human Factors 20: 649-654, 1975.

Savage, R.E., Wierwille, W.W., and Cordes, R.E. Evaluating the sensitivity of various measures of operator workload using random digits as a secondary task. Human Factors 20: 649-654, 1978.

Wierwille, W.W., and Connor, S.A. Evaluation of 20 workload measures using a psychomotor task in a moving-base aircraft simulator. Human Factors 25(1): 1- 16, 1983.

Wierwille, W.W., Gutmann, J.C., Hicks, T.G., and Muto, W.H. Secondary task measurement of workload as a function of simulated vehicle dynamics and driving conditions. Human Factors 19: 557-565, 1977.

2.2.9 词汇决策次任务

概述：通常情况下，呈现给被试者一串字母，要求他们判断这个字母序列是构成一个单词还是一个非单词（Lysaght et al，1989）。

优势和局限性：该类任务对语义记忆过程提出了很高的要求（Lysaght et al，1989）。

数据要求：需要计算正确反应的平均反应时。

阈限：未说明。

原书参考文献

Lysaght, R.J., Hill, S.G., Dick, A.O., Plamondon, B.D., Linton,P.M., Wierwille, W.W., Zaklad, A.L., Bittner, A.C., and Wherry, R.J. Operator workload: Comprehensive review and evaluation of operator workload methodologies (Technical Report 851). Alexandria, VA: Army Research Institute for the

Behavioral and Social Sciences, June 1989.

2.2.10 记忆回忆次任务

概述：以听觉或视觉方式向被试者呈现数字、字母或单词序列，要求他们在完成主任务时回忆这一序列。

优势和局限性：该类任务很容易向被试者解释，也很容易根据正确率进行评分。He 等（2013）在被试者驾驶汽车模拟器时以听觉方式向他们呈现数字。研究显示，次任务绩效与更少的车道变化和更高的方向盘反转率有关。

数据要求：收集正确和错误回忆的数字、字母或单词数量。

阈值：0 ~ 呈现的最大刺激量。

原书参考文献

He, J., McCarley, J.S., and Kramer, A.F. Lane keeping under cognitive load: Performance changes and mechanisms. Human Factors 56(2): 414-426, 2013.

2.2.11 记忆 – 扫描次任务

概述：记忆 – 扫描次任务要求被试者记住字母、数字或形状序列，然后判断一个探针刺激是否属于这个序列。通常情况下，记忆列表中的项目数量与被试者对探针刺激的反应时之间存在着线性关系。该类任务的另一个变式版本是根据字母在所呈现序列中的位置回忆其中的一个字母。

优势和局限性：记忆任务的效果取决于其用于绩效预测的方式，是通过单一任务还是双重任务，以及双重任务中匹配什么类型的主任务。

绩效预测。Park 和 Lee（1992）报告，记忆任务可以显著预测飞行学员的飞行绩效。

单一任务与双重任务。线性函数的斜率可能反映出记忆扫描率。然而，Carter 等（1986）却提示，斜率可能不如反应时（用于计算斜率）可靠。关于测量反应时，Fisk 和 Hodge（1992）报告，在记忆 – 扫描任务后 32 天无练习的情况下，单一任务绩效的反应时没有显著差异。

主任务类型。Wierwille 和 Connor（1983）报告，记忆 – 扫描任务对工作负荷不敏感。该项研究的主任务是控制一台动基飞行模拟器，工作负荷则通过操纵俯仰稳定性水平、气流扰动水平、侧风方向和速度予以改变。

Lysaght 等（1989）根据使用了记忆次任务的 25 项研究指出，在追踪、心算、监控、问题解决和驾驶主任务中的绩效保持稳定；在追踪、选择反应时、记忆、监控、问题解决、探测、识别、分类和分心主任务中的绩效有所下降；在追踪主任务中的绩效有所提高。记忆次任务的绩效伴随追踪主任务保持稳定；当与追踪、选择反应时、记忆、心算、监控、探测、识别、分类和驾驶主任务搭配时则有所下降（表 2.4）。

数据要求：对记忆列表中项目的反应时须尽可能确保实验过程中不会发生额外的学习。探针刺激的呈现具有干扰性，因此在非实验室环境中可能难以使用。

阈限：反应时为 40 毫秒。

原书参考文献

Allport, D.A., Antonis, B., and Reynolds, P. On the division of attention: A disproof of the single channel hypothesis. Quarterly Journal of Experimental Psychology 24: 225-235, 1972.

Broadbent, D.E., and Gregory, M. On the interaction of S-R compatibility with other variables affecting reaction time. British Journal of Psychology 56: 61-67, 1965.

Broadbent, D.E., and Heron, A Effects of a subsidiary task on performance involving immediate memory by younger and older men. British Journal of Psychology 53: 189-198, 1962.

Brown, I.D. Measuring the "spare mental capacity" of car drivers by a subsidiary auditory task. Ergonomics 5: 247-250, 1962.

Brown, I.D. A comparison of two subsidiary tasks used to measure fatigue in car drivers. Ergonomics 8: 467-473, 1965.

Brown, I.D. Subjective and objective comparisons of successful and unsuccessful trainee drivers. Ergonomics 9: 49-56, 1966.

Brown, I.D., and Poulton, E.C. Measuring the spare "mental capacity" of car drivers by a subsidiary task. Ergonomics 4: 35-40, 1961.

Carter, R.C., Krause, M., and Harbeson, M.M. Beware the reliability of slope scores for individuals. Human Factors 28(6): 673-683, 1986.

Chechile, R.A., Butler, K., Gutowski, W., and Palmer, E.A. Division of attention as a function of the number of steps, visual shifts and memory load. Proceedings of the 15th Annual Conference on Manual Control, 71-81, 1979.

Chiles, W.D., and Alluisi, E.A. On the specification of operator or occupational workload performance-measurement methods. Human Factors 21: 515-528, 1979.

Chow, S.L., and Murdock, B.B. The effect of a subsidiary task on iconic memory. Memory and Cognition 3: 678-688, 1975.

Daniel, J., Florek, H., Kosinar, V., and Strizenec, M. Investigation of an operator's characteristics by means of factorial analysis. Studia Psychologica 11: 10-22, 1969.

Donmez, B., Reimer, B., Mehler, B., Lavalliere, M., and Coughlin, J.F. A pilot investigation of the impact of cognitive demand on turn signal use during lane changes in actual highway conditions across multiple

表 2.4 影响与记忆次任务搭配的主任务绩效的参考文献列表

类型	主任务			次任务		
	稳定的	降级的	增强的	稳定的	降级的	增强的
选择反应时任务		Broadbent 和 Gregory（1965） Keele 和 boies （1973）			Broadbent 和 Gregory（1965）	
分类任务		Wickens et al.（1981）			Wickens et al.（1981）	
探测任务		Wickens et al.（1981）			Wickens et al.（1981）	
分心任务		Broadbent 和 Heron（1962）				
驾驶任务	Brown（1962，1965，1966） Brown 和 Poulton（1961） Kantowitz（1995） Wetherell（1981）	Richard et al.（2002） Donmez et al.（2011）		Brown（1965）	Brown（1962, 1965, 1966） Brown 和 Poulton （1961） Wetherell（1981）	
识别任务		Klein（1976）			Allport et al.（1972）	
记忆任务		Broadbent 和 Heron（1962） Chow 和 Murdock（1975）		Shulman 和 Greenberg（1971）		
心算任务	Mandler 和 Worden（1973）			Mandler 和 Worden（1973）		
监控任务	chechile et al.（1979） Moskowitz 和 McGlothlin（1974）	Chiles 和 Alluisi（1979）		Chechile et al.（1979） Chiles 和 Alluisi（1979） Mandler 和 Worden（1973） Moskowitz 和 McGlothlin（1974）		
问题解决任务	Daniel et al.（1969）	Stager 和 Zufelt（1972）				
追踪任务	Finkelman 和 Glass（1970） Zeitlin 和 Finkelman（1975）	Heimstra（1970） Huddleston 和 Wilson（1971） Noble et al.（1967） Trumbo 和 Milone（1971）	Tsang 和 Wickens（1984）	Noble et al.（1967） Trumbo 和 Milnoe（1971）	Finkelman 和 Glass（1970） Heimstra（1970） Huddleston 和 Wilson（1971） Tsang 和 Wickens（1984） Wickens 和 Kessel（1980） Wickens et al.（1981）	

注：摘自 Lysaght el al.（1989）。

age groups. Proceedings of the Human Factors and Ergonomics Society 55th Annual Meeting, 1874-1878, 2011.

Finkelman, J.M., and Glass, D.C. Reappraisal of the relationship between noise and human performance by means of a subsidiary task measure. Journal of Applied Psychology 54: 211-213, 1970.

Fisk, A.D., and Hodge, K.A. Retention of trained performance in consistent mapping search after extended delay. Human Factors 34(2): 147-164, 1992.

Heimstra, N.W. The effects of "stress fatigue" on performance in a simulated driving situation. Ergonomics 13: 209-218, 1970.

Huddleston, J.H.F, and Wilson, R.V. An evaluation of the usefulness of four secondary tasks in assessing the effect of a lag in simulated aircraft dynamics. Ergonomics 14: 371-380, 1971.

Kantowitz, B.H. Simulator evaluation of heavy-vehicle driver workload. Proceedings of the Human Factors and Ergonomics Society 39th Annual Meeting, 1107-1111, 1995.

Keele, S.W., and Boies, S.J. Processing demands of sequential information. Memory and Cognition 1: 85-90, 1973.

Klein, G.A. Effect of attentional demands on context utilization. Journal of Educational Psychology 68: 25-31, 1976.

Lysaght, R.J., Hill, S.F Dick, A.O., Plamondon, B.D., Linton, P.M., Wierwille, W.W., Zaklad, A.L., Bittner, A.C., and Wherry, R.J. Operator workload: Comprehensive review and evaluation of operator workload methodologies (Technical Report 851). Alexandria, VA: Army Research Institute for the Behavioral and Social Sciences, June 1989.

Mandler, G., and Worden, P.E. Semantic processing without permanent storage. Journal of Experimental Psychology 100: 277-283, 1973.

Moskowitz, H., and McGlothlin, W. Effects of marijuana on auditory signal detection. Psychopharmacologia 40: 137-145, 1974.

Noble, M., Trumbo, D., and Fowler, F. Further evidence on secondary task interference in tracking. Journal of Experimental Psychology 73: 146-149, 1967.

Park, K.S., and Lee, S.W. A computer-aided aptitude test for predicting flight performance of trainees. Human Factors 34(2): 189-204, 1992.

Richard, C.M., Wright, R.D., Ee, C., Prime, S.L., Shimizu, Y., and Vavrik, J. Effect of a concurrent auditory task on visual search performance in a driving-related image-flicker task. Human Factor s 44(1): 108-119, 2002.

Shulman, H.G., and Greenberg, S.N. Perceptual deficit due to division of attention between memory and perception. Journal of Experimental Psychology 88: 171-176, 1971.

Stager, P., and Zufelt, K. Dual-task method in determining load differences. Journal of Experimental Psychology 94: 113-115, 1972.

Trumbo, D., and Milone, F. Primary task performance as a function of encoding, retention, and recall in a secondary task. Journal of Experimental Psychology 91: 273-279, 1971.

Tsang, P.S., and Wickens, C.D. The effects of task structures on time-sharing efficiency and resource allocation optimality. Proceedings of the 20th Annual Conference on Manual Control, 305-317, 1984.

Wetherell, A. The efficacy of some auditory-vocal subsidiary tasks as measures of the mental load on male and female drivers. Ergonomics 24: 197- 214, 1981.

Wickens, C.D., and Kessel, C. Processing resource demands of failure detection in dynamic systems. Journal of Experimental Psychology: Human Perception and Performance 6: 564-577, 1980.

Wickens, C.D., Mountford, S.J., and Schreiner, W. Multiple resources, task-hemispheric integrity and individual differences in time sharing. Human Factors 23: 211-229, 1981.

Wierwille, W.W., and Connor, S.A. Evaluation of 20 workload measures using a psychomotor task in a moving-base aircraft simulator. Human Factor s 25(1): 1-16, 1983.

Zeitlin, L.R., and Finkelman, J.M. Research note: Subsidiary task techniques of digit generation and digit recall indirect measures of operator loading. Human Factors 17: 218-220, 1975.

2.2.12 心算次任务

概述：被试者需要对视觉呈现的数字集进行算术运算（即加、减、乘、除）。

优势和局限性：这种工作负荷测量的主要优势在于能够对绩效好和绩效差的被试者进行区分，也能区分工作负荷的大小。例如，Ramacci 和 Rota（1975）要求飞行学员在初期飞行训练中进行渐进式减法训练。他们报告，随着飞行经验的增加，做减法的数量增加，学员错误的百分比下降。成功的学员相比那些未被录用的学员，前者做了更多的减法，错误的百分比也更低。

Green 和 Flux（1977）要求飞行员在模拟飞行中把数字 3 与听觉呈现的数字相加。他们报告，随着与主任务相关的工作负荷的增加，次任务的执行时间也在增加。Huddleston 和 Wilson（1971）要求飞行员判断数字是奇数还是偶数，它们的总和是奇数还是偶数，两个连续的数字是相同还是不同，或者其他每个数字是相同还是不同。同样，次任务的绩效区分了主任务工作负荷的高低。

这种次任务的主要缺点是对主任务的干扰。Andre 等（1995）报告，在一项模拟飞行主任务中，当匹配一项心算次任务（即计算油量航程）时，横滚、俯仰和偏航的均方根误差（rmse）更大。Harms（1986）也报告了一项驾驶主任务的类似结果。

心算任务也在实验室里得到应用。例如，Kramer 等（1984）报告，当次任务为计算闪烁次数时，主任务的追踪误差有显著增加。Damos（1985）要求被试者计算视觉呈现的数字和之前的数字之差的绝对值。在单任务条件下，正确率得分与试次显著相关。正确的反应时分数与试次、试次和进度（交互作用）有关。在双重任务条件下，正确率得分与试次、行为模式或进度条件无显著相关。正确的反应时分数与试次、试次和进度（交互作用）、试次和行为模式（交互作用）相关。

Lysaght 等（1989）根据使用了心算次任务的 15 项研究指出，在追踪、驾驶和打字主任务中的绩效保持不变；在追踪、选择反应时、记忆、监控、简单反应时和探测主任务中的绩效有所下降。心算次任务的绩效伴随追踪主任务保持稳定；伴随追踪、选择反应时、监控、探测、驾驶和打字主任务有所下降；伴随追踪主任务有所提高（表 2.5）。

数据要求：计算的数据包括正确反应的数量、正确反应的平均反应时、错误反应的数量（Lysaght et al，1989）。研究者应对有无次任务时的主任务绩效进行比较，以确保被试者不会牺牲主任务绩效来提高次任务绩效。

阈限：未说明。

原书参考文献

Andre, A.O., Heers, S.T., and Cashion, P.A. Effects of workload preview on task scheduling during simulated instrument flight. International Journal of Aviation Psychology 5(1): 5- 23, 1995.

Bahrick, H.P., Noble, M., and Fitts, P.M. Extra-task performance as a measure of learning task. Journal of Experimental Psychology 4: 299 - 302, 1954.

Brown, I.D., and Poulton, E.C. Measuring the spare " mental capacity" of car drivers by a subsidiary task. Ergonomics 4: 35-40, 1961.

Chiles, W.D., and Jennings, A.E. Effects of alcohol on complex performance. Human Factor s 12: 605 - 612, 1970.

Damos, D. The relation between the Type A behavior pattern, pacing, and subjective workload under single- and dual-task conditions. Human Factors 27(6): 675 -680, 1985.

Fisher, S. The microstructure of dual task interaction. 1. The patterning of main task response within secondary-task intervals. Perception 4: 267-290, 1975.

Green, R., and Flux, R. Auditory communication and workload. Proceedings of NATO Advisory Group for Aerospace Research and Development Conference on Methods to Assess Workload (AGARD-CPP-216), A4-1-A4-8, 1977.

Harms, L. Drivers' attentional response to environmental variations: A dual-task real traffic study. In A.G. Gale, M.H. Freeman, C.M. Haslegrave, P. Smith, and S.P. Taylor (Eds.) Vision in Vehicles (p. 131-138). Amsterdam: North Holland, 1986.

Heimstra, N.W. The effects of "stress fatigue" on performance in a simulated driving situation. Ergonomics 13: 209-218, 1970.

Huddleston, J.H.F., and Wilson, R.V. An evaluation of the usefulness of four secondary tasks in assessing

表 2.5 影响与心算次任务搭配的主任务绩效的研究

类型	主任务			次任务		
	稳定的	降级的	增强的	稳定的	降级的	增强的
选择反应时任务		Chiles 和 Jennings（1970） Fisher（1975） Keele（1967）			Fisher（1975） Keele（1967） Schouten et al.（1962）	
探测任务		Jaschinski（1982）			Jaschinski（1982）	
驾驶任务	Brown 和 Poulton（1961） Wetherell（1981）			Verwey（2000）[a]	Brown 和 Poulton（1961） Wetherell（1981）	
记忆任务		Roediger et al.（1977） Silverstein 和 Glanzer（1971）				
监控任务		Chiles 和 Jennings（1970） Kahneman et al.（1967）			Chiles 和 Jennings（1970） Kahneman et al.（1967）	
简单反应时任务		Chiles 和 Jennings（1970） Green 和 Flux（1977）[a]			Green 和 Flux（1977）[a]	
模拟飞行任务	Green 和 Flux（1977）[a] Wierwille 和 Connor（1983）[a]	Andre et al.（1995）[a]			Green 和 Flux（1977）[a]	
打字任务	Kantowitz 和 Knight（1974）				Kantowitz 和 Knight（1974, 1976）	
追踪任务	Huddleston 和 Wilson（1971）	Bahrick et al.（1954） Chiles 和 Jennings（1970） Heimstra（1970） McLeod（1973） Wickens et al.（1981）	Kramer et al.（1984）	Bahrick et al.（1954） Heimstra（1970）	Huddleston 和 Wilson（1971） McLeod（1973） Wickens et al.（1981）	

注：摘自 Lysaght el al.（1989）。

a 未包含在 Lysaght el al.（1989）。

the effect of a log in simulated aircraft dynamics. Ergonomics 14: 371-380, 1971.

Jaschinski, W. Cond i tions of emergency lighting. Ergonomics 25: 363-372, 1982.

Kahneman, D., Beatty, J., and Pollack, I. Perceptual deficit during a mental task. Science 157: 218-219, 1967.

Kantowitz, B.H., and Knight, J.L. Testing tapping time-sharing. Journal of Experimental Psychology 103: 331-336, 1974.

Kantowitz, B.H., and Knight, J.L. Testing tapping time sharing: II. Auditory secondary task. Acta Psychologica 40: 343-362, 1976.

Keele, S.W. Compatibility and time-sharing serial reaction time. Journal of Experimental Psychology 75: 529-539, 1967.

Kramer, A.F., Wickens, CD., and Donchin, E. Performance and enhancements under dual-task conditions. Annual Conference on Manual Control, 21-35, 1984.

Lysaght, R.J., Hill, S.G, Dick, A.O., Plamondon, B.D., Linton, P.M., Wierwille, W.W., Zaklad, A.L., Bittner, A.C., and Wherry, R.J. Operator workload: Comprehensive review and evaluation of operator workload methodologies (Technical Report 851). Alexandria, VA: Army Research Institute for the Behavioral and Social Sciences, June 1989.

McLeod, P.D. Interference of "attend to and learn" tasks with tracking. Journal of Experimental Psychology 99: 330-333, 1973.

Ramacci, C.A., and Rota, P. Flight fitness and psycho-physiological behavior of applicant pilots in the first flight missions. Proceedings of NATO Advisory Group for Aerospace Research and Development (AGARD 153), B8, 1975.

Roediger, H.L., Knight, J.L., and Kantowitz, B.H. Inferring delay in short-term memory: The issue of capacity. Memory and Cognition 5: 167-176, 1977.

Schouten, J.F., Kalsbeek, J.W.H, and Leopold, F.F. On the evaluation of perceptual and mental load. Economics 5: 251-260, 1962.

Silverstein, C., and Glanzer, M. Concurrent task in free recall: Differential effects of LTS and STS. Psychonomic Science 22: 367-368, 1971.

Verwey, W.B. On-line driver workload estimation. Effects of road situation and age on secondary task measures. Ergonomics 43(2): 187-209, 2000.

Wetherell, A. The efficacy of some auditory-vocal subsidiary tasks as measures of the mental load on male and female drivers. Ergonomics 24: 197-214, 1981.

Wickens, C.D., Mountford, S.J., and Schreiner, W. Multiple resources, task-hemispheric integrity, and individual differences in time -s haring. Human Factors 23: 211-229, 1981.

Wierwille, W.W., and Connor, S. Evaluation of 20 workload measures using a psychomotor task in a moving base aircraft simulator. Human Factors 25: 1-16, 1983.

2.2.13 Michon 间隔产生次任务

概述：间隔产生的 Michon 范式要求被试者进行运动反应（即单个手指每 2 秒敲击 1 次），以产生一系列有规律的时间间隔。该类任务不需要感觉输入（Lysaght et al，1989）。

优势和局限性：这种任务对运动输出 / 反应资源提出了高要求。研究已证实，在高负荷的主任务中，被试者会表现出不规则或不稳定的敲击速度（Lysaght et al，1989）。Crabtree 等（1984）报告，这种次任务的得分可对 3 种开关设置任务的工作负荷进行区分。Johannsen 等（1976）在固基飞行模拟器自动驾驶的评估中也报告了类似结果。然而，Wierwille 等（1985b）报告，在模拟飞行过程中，打字的规律性并不受所要解决的数学问题难度的影响。

在一项外科手术培训的应用中，Grant 等（2013）提出了采用间隔产生作为衡量工作负荷的准则：①间隔时间在 3 ~ 30 秒之间；②将反应方式与实验限制相匹配；③计算绝对误差百分比和变异系数；④每次试验至少收集 5 个样本；⑤提供无主任务和有主任务的练习试验；⑥不鼓励 / 不限制策略；⑦指导被试者完成主任务和间隔产生任务，但主任务更为关键。此外，Drury（1972）建议用相关性以提供一种无量纲的测量指标。

Lysaght 等（1989）回顾了以 Michon 间隔产生任务为次任务的 6 项研究指出，在双重任务中，飞行模拟和驾驶主任务的绩效保持稳定；监控、问题解决、探测、心理运动、斯滕伯格记忆、追踪、选择反应时、记忆和心算主任务的绩效下降；简单反应时主任务的绩效有所改善。在这些相同的任务中，Michon 间隔产生任务的绩效在监控、斯滕伯格记忆、飞行模拟和记忆主任务中保持稳定；在问题解决、简单反应时、探测、心理运动、飞行模拟、驾驶、追踪、选择反应时和心算主任务中有所下降（表 2.6）。

数据要求：Michon（1966）指出，该技术需要对行为进行功能描述。需要计算的数据包括每次试验的平均间隔、每次试验的间隔标准差，以及总时间内每分钟连续间隔的差异总和（Lysaght et al，1989）。

阈限：未说明。

原书参考文献

Brown, I.D. Measurement of control skills, vigilance, and performance on a subsidiary task during twelve hours of car driving. Ergonomics 10: 665-673, 1967.

表 2.6　影响与 Michon 间隔产生次任务搭配的主任务绩效的参考文献列表

类型	主任务			次任务		
	稳定的	降级的	增强的	稳定的	降级的	增强的
选择反应时任务		Michon（1964）			Michon（1964）	
探测任务		Michon（1964）			Michon（1964）	
驾驶任务	Brown（1967）	Brown et al.（1967）a			Brown（1967） Brown et al.（1967）[a]	
模拟飞行任务	Wierwille et al.（1985a）			Wierwille et al.（1985b）	Wierwille et al.（1985b）	
记忆任务		Roediger et al.（1977）		Roediger et al.（1977）		
心算任务		Michon（1964）			Michon（1964）	
监控任务		Shingledecker et al.（1983）		Shingledecker et al.（1983）		
问题解决任务		Michon（1964）			Michon（1964）	
心理运动任务		Michon（1964）			Michon（1964）	
简单反应时任务			Vroon（1973）		Vroon（1973）	
斯滕伯格记忆任务		Shingledecker et al.（1983）		Shingledecker et al.（1983）		
追踪任务		Shingledecker et al.（1983）			Shingledecker et al.（1983）	

注：摘自 Lysaght el al.（1989）。

a 未包含在 Lysaght el al.（1989）。

Brown, I.D., Simmonds, D.C.V., and Tickner, A.H. Measurement of control skills, vigilance, and performance on a subsidiary task during 12 hours of car driving. Ergonomics 10: 655-673, 1967.

Crabtree, M.S., Bateman, R.P., and Acton, W. Benefits of using objective and subjective workload measures. Proceedings of the 28th Annual Meeting of the Human Factors Society, 950-953, 1984.

Drury, C.G. Note on Michon's measure of tapping irregularity. Ergonomics 15(2): 195-197, 1972.

Grant, R.C., Carswell, C.M., Lio, C.H., and Seales, W.B. Measuring surgeons' mental workload with a time-based secondary task. Ergonomics In Design 21(1): 4-11, 2013.

Johannsen, G., Pfendler, C., and Stein, W. Human performance and workload in simulated landing approaches with autopilot failures. In N. Moray (Ed.) Mental Workload, Its Theory and Measurement (p. 101-104). New York: Plenum Press, 1976.

Lysaght, R.J., Hill, S.G., Dick, A.O., Plamondon, B.D., Linton, P.M., Wierwille, W.W., Zaklad, A.L., Bittner, A.C., and Wherry, R.J. Operator workload: Comprehensive review and evaluation of operator workload methodologies (Technical Report 851). Alexandria, VA: Army Research Institute for the Behavioral and Social Sciences, June 1989.

Michon, J.A. A note on the measurement of perceptual motor load. Ergonomics 7: 461-463, 1964.

Michon, J.A. Tapping regularity as a measure of perceptual motor load. Ergonomics 9(5): 401-412, 1966.

Roediger, H.L., Knight, J.L., and Kantowitz, B.H. Inferring decay in short-term memory: The issue of capacity. Memory and Cognition 5: 167-176, 1977.

Shingledecker, C.A., Acton, W., and Crabtree, M.S. Development and application of a criterion task set for workload metric evaluation (SAE Technical Paper No. 831419). Warrendale, PA: Society of Automotive Engineers, 1983.

Vroon, P.A. Tapping rate as a measure of expectancy in terms of response and attention limitation. Journal of Expe1'imental Psychology 101: 183-185, 1973.

Wierwille, W.W., Casali, J.C., Connor, S.A., and Rahimi, M. Evaluation of the sensitivity and intrusion of mental workload estimation techniques. In W. Roner (Ed.)Advances in Man-Machine Systems Research, vol. 2 (p. 51-127). Greenwich, CT: J.A.l. Press, 1985a.

Wierwille, W.W., Rahimi, M., and Casali, J.G. Evaluation of 16 measures of mental workload using a simulated flight task emphasizing mediational activity. Human Factors 27(5): 489-502, 1985b.

2.2.14 监控次任务

概述：被试者需要对视觉或听觉刺激做出手动或口头反应。反应时间和反应准确性均被作为工作负荷的指标。

优势和局限性：监控任务法的主要优点在于它和系统安全相关。它还能对自动化水平与工作负荷做出区分。例如，Anderson 和 Toivanen（1970）基于直升机模拟器，采用一项有速度要求的数字命名任务作为次任务，研究不同自动化水平的影响。

Bortolussi 等（1986）报告，在简单和困难的飞行场景中，二选一和四选一任务的视觉反应时具有显著差异。Bortolussi 等（1987）报告，高难度的四选一反应时任务，其反应时显著长于低难度的情况。Lokhande 和 Reynolds（2012）采用在空中交通塔台对航班的监控进展和飞行航路的更新作为工作负荷的次任务测量。在达拉斯沃斯堡塔台，12 名管制员完成现场"追踪"操作。主任务是向飞行员发出口头指令。因变量是通信间隙时间。在航空领域之外，布朗（1969）研究了它与闪烁的关系。

Lysaght 等（1989 年）根据使用了监控次任务的 36 项研究指出，在追踪、选择反应时、记忆、心算、问题解决、识别和驾驶等主任务中的绩效保持稳定；在追踪、选择反应时、记忆、监控、探测和驾驶主任务中的绩效有所下降；在监控主任务中的绩效有所提高。当与追踪、记忆、监控、模拟飞行和驾驶主任务搭配时，监控次任务的绩效保持稳定；当与追踪、选择反应时、心算、监控、问题解决、探测、识别和驾驶主任务搭配时，绩效下降；当与追踪和驾驶主任务搭配时，绩效提高（表 2.7）。

数据要求：实验者应计算正确探测的数量、错误探测的数量、漏报的数量、正确探测的平均反应时和错误探测的平均反应时（Lysaght et al，1989）。Knowles（1963）的准则适用于警觉性任务的选择。此外，任务模式不能干扰主任务的执行，例如，飞行员与空中交通管制员或其他机组成员沟通时，需要口头反应。

阈限：未说明。

原书参考文献

Anderson, P.A., and Toivanen, M.L. Effects of varying levels of autopilot assistance and workload on pilot performance in the helicopter formation flight mode (Technical Report JANAIR 680610). Washington, D.C: Office of Naval Research, March 1970.

表 2.7 影响与监控次任务搭配的主任务绩效的参考文献列表

类型	主任务			次任务		
	稳定的	降级的	增强的	稳定的	降级的	增强的
选择反应时任务	Boggs 和 Simon（1968）	Hilgendorf（1967）			Hilgendorf（1967）	
探测任务		Dewar et al.（1976） Tyler 和 Halcomb（1974）			Tyler 和 Halcomb（1974）	
驾驶任务	Brown（1962，1967） Hoffman 和 Jorbert（1966） Wetherell（1981）	Brown（1965）		Hoffman 和 Jorbert（1966）	Brown（1962，1965）	
模拟飞行任务				Soliday 和 Schohan（1965）		
识别任务	Dormic（1980）				Dornic（1980） Chiles et al.（1979）	
记忆任务	Tyler 和 Halcomb（1974）	Chow 和 Murdock（1975） Lindsay 和 Norman（1969） Mitsuda（1968）		Lindsay 和 Norman（1969）		
心算任务	Dormic（1980）				Chiles et al.（1979） Dornic（1980）	
监控任务		Chechile et al.（1979） Fleishman（1965） Goldstein 和 Dorfman（1978） Hohmuth（1970） Long（1976） Stager 和 Muter（1971）	McGrath（1965）	Stager 和 Muter（1971）	Chechile et al.（1979） Hohmuth（1970） Long（1976）	
问题解决任务	Wright et al.（1974）				Chiles et al.（1979） Wright wt al.（1974）	

续表

类型	主任务			次任务		
	稳定的	降级的	增强的	稳定的	降级的	增强的
追踪任务	Bell（1978） Figarola 和 Billings（1966） Gabriel 和 Burrows（1968） Huddleston 和 Wilson（1971） Kelley 和 Wargo（1967） Kyriakides 和 Leventhal（1977） Schori 和 Jones（1975）	Bergeron（1968） Heimstra（1970） Herman（1965） Kramer et al.（1984） Malmstrom et al.（1983） Monty 和 Roby（1965） Putz 和 Rothe（1974）		Figarola 和 Billings（1966） Kramer et al.（1984） Malmstrom et al.（1983）	Chiles et al.（1979） Wright wt al.（1974） Bell（1978） Bergeron（1968） Gabriel 和 Burrows（1968） Herman（1965） Huddleston 和 Wilson（1971） Kelley 和 Wargo（1967） Kyriakides 和 Leventhal（1977） Monty 和 Roby（1965） Putz 和 Rothe（1974） Schori 和 Jones（1975）	

注：摘自 Lysaght el al.（1989）。

a 未包含在 Lysaght el al.（1989）。

原书参考文献

Anderson, P.A., and Toivanen, M.L. Effects of varying levels of autopilot assistance and workload on pilot performance in the helicopter formation flight mode (Technical Report JANAIR 680610). Washington, D.C: Office of Naval Research, March 1970.

Bell, P.A. Effects of noise and heat stress on primary and subsidiary task performance. Human Factors 20: 749-752, 1978.

Bergeron, H.P. Pilot response in combined control tasks. Human Factors 10: 277-282, 1968.

Boggs, D.H., and Simon, J.R. Differential effect of noise on tasks of varying complexity. Journal of Applied Psychology 52: 148-153, 1968.

Bortolussi, M.R., Hart, S.G., and Shively, R.J. Measuring moment-to-moment pilot workload using synchronous presentations of secondary tasks in a motion-base trainer. Proceedings of the 4th Symposium on Aviation Psychology, 651-657, 1987.

Bortolussi, M.R., Kantowitz, B.H., and Hart, S.G. Measuring pilot workload in a motion base trainer: A comparison of four techniques. Applied Ergonomics 17: 278-283, 1986.

Brown, I.D. Measuring the "spare mental capacity" of car drivers by a subsidiary auditorssy task. Ergonomics 5: 247-250, 1962.

Brown, I.D. A comparison of two subsidiary tasks used to measure fatigue in car drivers. Ergonomics 8: 467-473, 1965.

Brown, I.D. Measurement of control skills, vigilance, and performance on a subsidiary task during twelve hours of car driving. Ergonomics 10: 665-673, 1967.

Brown, J.L. Flicker and intermittent stimulation. In C.H. Graham (Ed.) Vision and Visual Perception. New York: Wiley, 1969.

Chechile, R.A., Butler, K., Gutowski, W., and Palmer, E.A. Division of attention as a function of the number of steps, visual shifts, and memory load. Proceedings of the 15th Annual Conference on Manual Control, 71-81, 1979.

Chiles, W.D., Jennings, A.E., and Alluisi, E.C. Measurement and scaling of workload in complex performance. Aviation, Space, and Environmental Medicine 50: 376-381, 1979.

Chow, S.L, and Murdock, B.B. The effect of a subsidiary task on iconic memory. Memory and Cognition 3: 678-688, 1975.

Dewar, R.E., Ellis, J. E., and Mundy, G. Reaction time as an index of traffic sign perception. Human Factors 18: 381-392, 1976.

Dornic, S. Language dominance, spare capacity and perceived effort in bilinguals. Ergonomics 23: 369-377, 1980.

Figarola, T.R., and Billings, C.E. Effects of meprobamate and hypoxia on psychomotor performance. Aerospace Medicine 37: 951-954, 1966.

Fleishman, E.A. The prediction of total task performance from prior practice on task components. Human Factors 7: 18-27, 1965.

Gabriel, R.F., and Burrows, A.A. Improving time-sharing performance of pilots through training. Human Factors 10: 33-40, 1968.

Goldstein, L.L., and Dorfman, P.W. Speed and load stress as determinants of performance in a time sharing task. Human Factors 20: 603-609, 1978.

Heimstra, N.W. The effects of "stress fatigue" on performance in a simulated driving situation. Ergonomics 13: 209-218, 1970.

Herman, L.M. Study of the single channel hypothesis and input regulation within a continuous, simultaneous task situation. Quarterly Journal of Experimental Psychology 17: 37-46, 1965.

Hilgendorf, E.L. Information processing practice and spare capacity. Australian Journal of Psychology 19: 241-251, 1967.

Hoffman, E.R., and Jorbert, P.N. The effect of changes in some vehicle handling variables on driver steering performance. Human Factors 8: 245-263, 1966.

Hohmuth, A.V. Vigilance performance in a bimodal task. Journal of Applied Psychology 54: 520-525, 1970.

Huddleston, J.H.F, and Wilson, R.V. An evaluation of the usefulness of four secondary tasks in assessing the effect of a lag in simulated aircraft dynamics. Ergonomics 14: 371-380, 1971.

Kelley, C.R., and Wargo, M.J. Cross-adaptive operator loading tasks. Human Factors 9: 395-404, 1967.

Knowles, W.B. Operator loading tasks. Human Factors 5: 151-161, 1963.

Kramer, A.F., Wickens, C.D., and Donchin, E. Performance enhancements under dual-task conditions. Proceedings of the 20th Annual Conference on Manual Control, 21-35, 1984.

Kyriakides, K., and Leventhal, H.G. Some effects of intrasound on task performance. Journal of Sound and Vibration 50: 369-388, 1977.

Lindsay, P.H., and Norman, D.A. Short-term retention during a simultaneous detection task. Perception and Psychophysics 5: 201-205, 1969.

Lokhande, K., and Reynolds, H.J.D. Cognitive workload and visual attention analyses of the air traffic control Tower Flight Data Manager (TFDM) prototype demonstration. Proceedings of the Human Factors and Ergonomics 56th Annual Meeting, 105-109, 2012.

Long, J. Effect on task difficulty on the division of attention between nonverbal signals: Independence or interaction? Quarterly Journal of Experimental Psychology 28: 179-193, 1976.

Lysaght, R.J., Hill, S.G., Dick, A.O., Plamondon, B.D., Linton, P.M., Wierwille, W.W., Zaklad, A.L., Bittner, A.C., and Wherry, R.J. Operator workload: Comprehensive review and evaluation of operator workload methodologies (Technical Report 851). Alexandria, VA: Army Research Institute for the Behavioral and Social Sciences, June 1989.

Malmstrom, F.V., Reed, L.E., and Randle, R.J. Restriction of pursuit eye movement range during a concurrent auditory task. Journal of Applied Psychology 68: 565-571, 1983.

McGrath, J.J. Performance sharing in an audio-visual vigilance task. Human Factors 7: 141-153, 1965.

Mitsuda, M. Effects of a subsidiary task on backward recall. Journal of Verbal Learning and Verbal Behavior 7: 722- 725, 1968.

Monty, R.A., and Ruby, W.J. Effects of added workload on compensatory tracking for maximum terrain following. Human Factors 7: 207-214, 1965.

Putz, V.R., and Rothe, R. Peripheral signal detection and concurrent compensatory tracking. Journal of Motor Behavior 6: 155-163, 1974.

Schori, T.R., and Jones, B.W. Smoking and workload. Journal of Motor Behavior 7: 113-120, 1975.

Soliday, S.M., and Schohan, B. Task loading of pilots in simulated low-altitude highspeed flight. Human Factors 7: 45-53, 1965.

Stager, P., and Muter., P. Instructions and information processing in a complex task. Journal of Experimental Psychology 87: 291-294, 1971.

Tyler, D.M., and Halcomb, C.G. Monitoring performance with a time-shared encoding task. Perceptual and Motor Skills 38: 383-386, 1974.

Wetherell, A. The efficacy of some auditory vocal subsidiary tasks as measures of the mental load on male and female drivers. Ergonomics 24: 197- 214, 1981.

Wright, P., Holloway, C.M., and Aldrich, A.R. Attending to visual or auditory verbal information while performing other concurrent tasks. Quarterly Journal of Experimental Psychology 26: 454-463, 1974.

2.2.15 多任务绩效成套测验次任务

概述：多任务绩效成套测验（Multiple Task Performance Battery，MTPB）需要被试者同时完成 3 项或更多任务：①灯光和仪表盘监控；②心算；③模式判别；④目标识别；⑤团体问题解决；⑥二维补偿追踪。监控任务通常被作为次任务，次任务中的绩效作为工作负荷的测量指标。

优势和局限性：增加同时完成的任务数量确实能够增加监控任务中的探测时间。然而，MTPB 在非实验室环境中很难设置和操控。另外，根据 Lysaght 等（1989）报告的一项研究结果，MTPB 中的各任务成绩通常相关紧密，在 MTPB 中主任务和次任务的任务绩效均出现下降（Alluisi 和 Morgan，1971）。

数据要求：在实验过程中，MTPB 需要个体化编程并协调好 6 项实验任务之间的关系。

阈值：未说明。

原书参考文献

Alluisi, E.A., and Morgan, B.B. Effects on sustained performance of time-sharing a three-phase code transformation task (3P-Cotran). Perceptual and Motor Skills 33: 639-651, 1971.

Lysaght, R.J., Hill, S.G., Dick, A.O., Plamondon, B.D., Linton, P.M., Wierwille, W.W., Zaklad, A.L., Bittner, A.C., and Wherry, R.J. Operator workload: Comprehensive review and evaluation of operator workload methodologies (Technical Report 851). Alexandria, VA: Army Research Institute for the Behavioral and Social Sciences, June 1989.

2.2.16 视觉遮蔽次任务

概述：视觉遮蔽次任务是在视觉刺激呈现时，将被试者的视野进行遮蔽。遮蔽可以由被试者自主操控（如佩戴护目镜），也可以由实验者施加（如屏幕消隐），以此确定充分执行任务所需的观看时间（Lysaght et al，1989）。

优势和局限性：视觉遮蔽可能会使主任务绩效受到严重干扰。Lysaght 等（1989）根据使用视觉遮蔽次任务的 4 项研究发现，被试者在监控与驾驶主任务中的绩效保持稳定，在驾驶主任务中的绩效降低。当与驾驶主任务搭配时，视觉遮蔽次任务的绩效下降（表 2.8）。

数据要求：用于评估该类任务绩效的数据包括平均自主遮蔽时间、观察时间与总时间之比（Lysaght et al，1989）。

阈值：未说明。

表 2.8 使用视觉遮蔽次任务的研究

任务类型	主任务绩效			次任务绩效		
	稳定	下降	增加	稳定	下降	增加
驾驶任务	Farber 和 Gallagher（1972）	Hicks 和 Wierwille（1979） Senders et al.（1967）			Farber 和 Gallagher（1972） Senders et al.（1967）	
监控任务	Gould 和 Schaffer（1967）					

注：摘自 Lysaght et al.（1989）。

原书参考文献

Farber, E., and Gallagher, V. Attentional demand as a measure of the influence of visibility conditions on driving task difficulty. Highway Research Record 414: 1-5, 1972.

Gould, J.D., and Schaffer, A. The effects of divided attention on visual monitoring of multi-channel displays. Human Factors 9: 191-202, 1967.

Hicks, T.G., and Wierwille, W.W. Comparison of five mental workload assessment procedures in a moving-base driving simulator. Human Factors 21: 129-143, 1979.

Lysaght, R.J., Hill, S.G., Dick, A.O., Plamondon, B.D., Linton, P.M., Wierwille, W.W., Zaklad, A.L., Bittner, A.C., and Wherry, R.J. Operator workload: Comprehensive review and evaluation of operator workload methodologies (Technical Report 851). Alexandria, VA: Army Research Institute for the Behavioral and Social Sciences, June 1989.

Senders, J.W., Kristofferson, A.B., Levison, W.H., Dietrich, C. W., and Ward, J.L. The attentional demand of automobile driving. Highway Research Record 195: 15-33, 1967.

2.2.17 问题解决次任务

概述：被试者在完成问题解决次任务时，需要进行言语或空间推理。例如，要求被试者完成异位构词问题或逻辑问题（Lysaght et al，1989）。

优势和局限性：这类任务对认知资源提出了苛刻的要求（Lysaght et al，1989）。Lysaght 等（1989）根据以问题解决为次任务的 8 项研究发现，任务绩效在监控主任务中保持稳定，在驾驶、追踪、记忆主任务中绩效有所下降。当与追踪主任务搭配时，问题解决次任务的操作绩效保持稳定；当与问题解决、驾驶、选择反应时和记忆主任务搭配时，问题解决次任务的操作绩效有所下降；当与监控主任务搭配时，问题解决次任务的操作绩效有所提高（表 2.9）。

表 2.9 使用问题解决次任务的研究

任务类型	主任务绩效			次任务绩效		
	稳定	下降	增加	稳定	下降	增加
选择反应时任务					Schouten et al.（1962）	
驾驶任务		Merat et al.（2012） Wetherell（1981）			Merat et al.（2012） Wetherell（1981）	
记忆任务		Trumbo et al.（1967）			Trumbo et al.（1967）	
监控任务	Could 和 Schaffer（1967） Smith et al.（1966）					Smith et al.（1966）
问题解决任务					Chiles 和 Alluisi（1979）	
追踪任务		Trumbo et al.（1967）			Trumbo et al.（1967）	

注：摘自 Lysaght et al.（1989）。

数据要求：用于评估这类任务操作绩效的数据包括：正确反应的数量、错误反应的数量以及正确反应的平均反应时（Lysaght et al，1989）。

阈值：未说明。

原书参考文献

Chiles, W.D., and Alluisi, E.A. On the specification of operator or occupational workload with performance-measurement methods. Human Factors 21: 515-528, 1979.

Gould, J.D., and Schaffer, A. The effects of divided attention on visual monitoring of multichannel displays. Human Factors 9: 191-202, 1967.

Lysaght, R.J., Hill, SıF Dick, A.O., Plamondon, B.D., Linton, P.M., Wierwille, W.W., Zaklad, A.L., Bittner, A.C., and Wherry, R.J. Operator workload: Comprehensive review and evaluation of operator workload methodologies (Technical Report 851). Alexandria, VA: Army Research Institute for the Behavioral and Social Sciences, June 1989.

Merat, N., Jamson, A.H., Lai, F.C.H., and Carsten, 0. Highly automated driving, secondary task performance, and driver state. Human Factors 54(5): 762- 771, 2012.

Schouten, J.F., Kalsbeek, J.W.H., and Leopold, F.F. On the evaluation of perceptual and mental load. Ergonomics 5: 251-260, 1962.

Smith, R.L., Lucaccini, L.F., Groth, H., and Lyman, J. Effects of anticipatory alerting signals and a compatible secondary task on vigilance performance. Journal of Applied Psychology 50: 240- 246, 1966.

Trumbo, D., Noble, M., and Swink, J. Secondary task interference in the performance of tracking tasks. Journal of Experimental Psychology 73: 232-240, 1967.

Wetherell, A. The efficacy of some auditory-vocal subsidiary tasks as measures of mental load on male and female drivers. Ergonomics 24: 197-214, 1981.

2.2.18 创作 / 书写次任务

概述：创作 / 书写次任务，要求被试者手写自发创作的散文段落（Lysaght et al，1989）。

优势和局限性：随着主任务工作负荷的增加，被试者书写次任务的成绩下降，如出现语义和语法错误（Lysaght et al，1989）。Lysaght 等（1989）引用了 Schouten 等（1962）报告的一项研究，其中创作 / 书写次任务与选择反应时主任务搭配，结果发现次任务的绩效有所下降。另一种更为先进的创作 / 书写次任务是编辑短信。Mouloua 等（2010）发现，当被试者在编辑短信时，其在驾驶主任务中的错误，显著多于编辑短信前和编辑短信后的错误（如车道偏离、穿过中央隔离带、碰撞等）。该研究是在驾驶模拟器中完成的。

数据要求：语义和语法错误的数量可作为评估该类任务绩效的数据。

阈值：未说明。

原书参考文献

Lysaght, R.J., Hill, S. G., Dick, A.O., Plamondon, B.D., Linton, P.M., Wierwille, W.W., Zaklad, A.L., Bittner, A.C., and Wherry, R.J. Operator workload: Comprehensive review and evaluation of operator workload methodologies (Technical Report 851). Alexandria, VA: Army Research Institute for the Behavioral and Social Sciences, June 1989.

Mouloua, M., Ahern, A., Rinalducci, E., Alberti, P., Brill, J.C., and Quevedo, A. The effects of text messaging on driver distraction: A bio-behavioral analysis. Proceedings of the Human Factors and Ergonomics Society 54th Annual Meeting, 541-1545, 2010.

Schouten, J.F., Kalsbeek, J.W.H., and Leopold, F.F. On the evaluation of perceptual and mental load. Ergonomics 15: 251-260, 1962.

2.2.19 心理运动次任务

概述：心理运动次任务要求被试者完成一项心理运动任务，如将金属螺丝按形状进行分类（Lysaght et al，1989）。

优势和局限性：该类任务旨在反映被试者的心理运动技能（Lysaght et al，1989）。基于使用心理运动次任务的 3 项研究，Lysaght 等（1989）报告，追踪主任务的绩效下降。心理运动次任务与追踪主任务或选择反应时主任务搭配时，心理运动次任务的绩效也会下降（表 2.10）。在另一项特殊的应用研究中，Scerbo 等（2013）要求医生在模拟装置中操作腹腔镜手术的同时完成 PEG 转移次任务，结果发现，相比经验丰富的外科医生，初学者在次任务中所犯的错误显著更多。

表 2.10 使用心理运动次任务的研究

任务类型	主任务绩效			次任务绩效		
	稳定	下降	增加	稳定	下降	增加
简单反应时任务					Schouten et al.（1962）	
驾驶任务					Kidd et al.（2010）[a]	
追踪任务		Bergeron（1968） Wickens（1976）			Bergeron（1968）	

注：摘自 Lysaght et al.（1989）。

a 未包含在 Lysaght et al.（1989）。

数据要求：项目的完成数量常用于评估这类次任务的绩效。

阈值：未说明。

原书参考文献

Bergeron, H.P. Pilot response in combined control tasks. Human Factors 10: 277-282, 1968.

Kidd, D.G., Nelson, E.T., and Baldwin, C.L. The effects of repeated exposures to collision warnings on drivers' willingness to engage in a distracting secondary task. Proceedings of the Human Factors and Ergonomics Society 54th Annual Meeting, 2086-2090, 2010.

Lysaght, R.J., Hill, S.G., Dick, A.O., Plamondon, B.D., Linton, P.M., Wierwille, W.W., Zaklad, AL., Bittner, AC., and Wherry, R.J. Operator workload: Comprehensive review and evaluation of operator workload methodologies (Technical Report 851). Alexandria, VA: Army Research Institute for the Behavioral and Social Sciences, June 1989.

Schouten, J.F., Kalsbeek, J.W.H., and Leopold, F.F. On the evaluation of perceptual and mental load. Ergonomics 5: 251-260, 1962.

Scerbo, M.W., Kennedy, R.A, Montano, M., Britt, R.C., Davis, S.S., and Stefanidis, D. A spatial secondary task for measuring laparoscopic mental workload: Differences in surgical experience. Proceedings of the Human Factors and Ergonomics Society 57th Annual Meeting, 728-732, 2013.

Wickens, C.D. The effects of divided attention on information processing in manual tracking. Journal of Experimental Psychology: Human Perception and Performance 2: 1-12, 1976.

2.2.20 随机化次任务

概述：随机化次任务要求被试者报告一组随机的序列（如数字）。这类次任务假设，随着工作负荷水平的提高，被试者将产生重复性反应，即反应中缺乏随机性（Lysaght et al，1989）。

优势和局限性：这类任务具有很大的干扰性，且“随机性”很难计算，同时也耗费时间。Lysaght 等（1989）根据使用随机化次任务的 5 项研究发现，在追踪、卡片分类及驾驶主任务中，绩效保持稳定。当随机化次任务与追踪主任务搭配时，次任务的绩效保持稳定；当随机化次任务与追踪和卡片分类主任务搭配时，次任务的绩效下降（表 2.11）。

数据要求：实验者必须计算出信息冗余度。

阈值：未说明。

表 2.11 使用随机化次任务的研究

任务类型	主任务绩效			次任务绩效		
	稳定	下降	增加	稳定	下降	增加
卡片分类任务	Baddeley（1966）				Baddeley（1966）	
驾驶任务	Wetherell（1981）					
记忆任务		Trumbo 和 Noble（1970）				
追踪任务	Zeitlin 和 Finkelman（1975）	Truijens et al.（1976）		Zeitlin 和 Finkelman（1975）	Truijens et al.（1976）	

注：摘自 Lysaght et al.（1989）。

原书参考文献

Baddeley, A.D. The capacity for generating information by randomization. Quarterly Journal of Experimental Psychology 18: 119-130, 1966.

Lysaght, R.J., Hill, Sι, Dick, A.O., Plamondon, B.D., Linton, P.M., Wierwille, W.W., Zaklad, A.L., Bittner, A.C., and Wherry, R.J. Operator workload: Comprehensive review and evaluation of operator workload methodologies (Technical Report 851). Alexandria, VA: Army Research Institute for the Behavioral and Social Sciences, June 1989.

Truijens, C.L., Trumbo, D.A., and Wagenaar, W.A. Amphetamine and barbiturate effects on two tasks performed singly and in combination. Acta Psychologica 40: 233-244, 1976.

Trumbo, D., and Noble, M. Secondary task effects on serial verbal learning. Journal of Experimental Psychology 85: 418-424, 1970.

Wetherell, A. The efficacy of some auditory-vocal subsidiary tasks as measures of the mental load on male and female drivers. Ergonomics 24: 197-214, 1981.

Zeitlin, L.R., and Finkelman, J.M. Research note: Subsidiary task techniques of digit generation and digit recall indirect measures of operator loading. Human Factors 17: 218-220, 1975.

2.2.21 阅读次任务

概述：在阅读次任务中，被试者需要大声朗读通过视觉呈现的数字或单词。测量指标通常包括：说出的数字或单词的数量、口头反应之间的最长间隔、连续数字或单词中的最长字符串，以及连续三个数字或单词被说出的次数（Savage et al，1978）。

优势和局限性：该类次任务对于监控主任务的难度较为敏感。说出的随机数字的数量、说出的最长的连续数字以及三个连续数字被说出的次数，具有显著差异（Savage et al，1978）。口头反应之间的最长间隔并不会随着监控主任务的难度增加（即同时监控两个、三个或四个参数）而发生变化。

Wierwille 等（1977）要求被试者在模拟器驾驶时大声朗读随机数字，并对转向比和气流扰动水平进行操纵。结果发现，转向比和气流扰动水平均会影响次任务的操作绩效。他们指出，阅读次任务虽然实施起来简单，但可能无法检测到气流扰动的微小变化。随后在 1978 年的一项研究中，Wierwille 和 Gutmann 进一步报告，这类次任务仅在低水平工作负荷下降低主任务绩效。

数据要求：口头反应必须进行记录、计时并制成表格。

阈值：未说明。

原书参考文献

Savage, R.E., Wierwille, W.W., and Cordes, R.E. Evaluating the sensitivity of various measures of operator workload using random digits as a secondary task. Human Factors 20(6): 649-654, 1978.

Wierwille, W.W, and Gutmann, J.C. Comparison of primary and secondary task measures as a function of simulated vehicle dynamics and driving conditions. Human Factors 20(2): 233-244, 1978.

Wierwille, W.W., Gutmann, J.C., Hicks, T.G., and Muto, W.H. Secondary task measurement of workload as a function of simulated vehicle dynamics and driving conditions. Human Factors 19(6): 557-565, 1977.

2.2.22 简单反应时次任务

概述：简单反应时次任务是向被试者呈现一个独立的刺激（视觉的或听觉的），要求被试者对该刺激进行反应（Lysaght et al，1989）。

优势和局限性：此任务最大限度减少了被试者对认知资源和反应选择的需求（Lysaght et al，1989）。根据使用简单反应时次任务的 10 项研究，Lysaght 等（1989）报告，在选择反应时和分类主任务中，操作绩效保持稳定；在追踪、分类和词汇决策任务中，操作绩效有所下降；在鉴别和驾驶主任务中，操作绩效有所提高。简单反应时次任务与追踪、选择反应时、记忆、鉴别、分类、驾驶和词汇决策主任务搭配时，操作绩效有所下降；简单反应时次任务与追踪主任务搭配时，操作绩效有所提高（表 2.12）。

Lisper 等（1986）的研究要求被试者在封闭赛道上进行驾驶主任务时完成简单听觉反应时次任务。结果发现，次任务反应时较长的被试者，在真实的道路驾驶中更容易睡着。

Andre 等（1995）报告，如果同时操作简单反应时次任务，被试者在模拟飞行主

表 2.12　使用简单反应时次任务的研究

任务类型	主任务绩效			次任务绩效		
	稳定	下降	增加	稳定	下降	增加
选择反应时任务	Becker（1976）				Becker（1976） Manzey et al.（2009）	
分类任务	Comstock（1973）	Miller（1975）			Comstock（1973） Miller（1975）	
鉴别任务	Bliss 和 Chancey（2010）[a]		Laurell 和 Lisper（1978）		Laurell 和 Lisper(1978）	
驾驶任务			Laurell 和 Lisper（1978）		Laurell 和 Lisper（1978） Lisper et al.（1973） Libby 和 Chaparro（2009）	
词汇决策任务		Becker（1976）			Becker（1976）	
记忆任务		Dodds et al.（1986）[a]			Martin 和 Kelly（1974）	
模拟飞行任务		和 re et al.（1995）[a]				
追踪任务	Martin et al.（1984）	Heimstra（1970） Kelly 和 Klapp（1985） Klapp et al.（1984） Martin et al.（1984） Wickens 和 Gopher（1977）			Wickens 和 Gopher（1977）	Heimstra（1970）

注：摘自 Lysaght et al.（1989）。

a 未包含在 Lysaght et al.（1989）。

任务中的俯仰、滚转和偏航误差会显著增加。

数据要求：实验者必须计算出正确反应的平均反应时和正确反应的个数。

阈值：未说明。

原书参考文献

Andre, A.D., Heers, S.T., and Cashion, P.A. Effects of workload preview on task scheduling during simulated instrument flight. International Journal of Aviation Psychology 5(1): 5-23, 1995.

Becker, C.A. Allocation of attention during visual word recognition. Journal of Experimental Psychology: Human Perception and Performance 2: 556-566, 1976.

Bliss, J.P., and Chancey, E. The effects of alarm system reliability and reaction training strategy on alarm systems. Proceedings of the Human Factors and Ergonomics Society 54th Annual Meeting, 2248-2252, 2010.

Comstock, E.M. Processing capacity in a letter-matching task. Journal of Experimental Psychology 100: 63-72, 1973.

Dodds, A.G., Clark-Carter, D., and Howarth, CL The effects of precueing on vibrotactile reaction times: Implications for a guidance device for blind people. Ergonomics 29(9): 1063-1071, 1986.

Heimstra, N.W. The effects of "tress fatigue" on performance in a simulated driving situation. Ergonomics 13: 209-213, 1970.

Kelly, P.A., and Klapp, S.T. Hesitation in tracking induced by a concurrent manual task. Proceedings of the 21st Annual Conference on Manual Control, 19.1-19.3, 1985.

Klapp, S.T., Kelly, P.A., Battiste, V., and Dunbar, S. Types of tracking errors induced by concurrent secondary manual task. Proceedings of the 20th Annual Conference on Manual Control, 299-304, 1984.

Laurell, H., and Lisper, H.L. A validation of subsidiary reaction time against detection of roadside obstacles during prolonged driving. Ergonomics 21: 81-88, 1978.

Libby, D., and Chaparro, A. Text messaging versus talking on a cell phone: A comparison of their effects on driving performance. Proceedings of the Human Factors and Ergonomics Society 53rd Annual Meeting, 1353-1357, 2009.

Lisper, H.L., Laurell, H., and Stening, G. Effects of experience of the driver on heartrate, respiration-rate, and subsidiary reaction time in a three-hour continuous driving task. Ergonomics 16: 501-506, 1973.

Lisper, H.O., Laurell, H., and van Loon, J. Relation between time to falling asleep behind the wheel on a closed course and changes in subsidiary reaction time during prolonged driving on a motorway. Ergonomics 29(3): 445-453, 1986.

Lysaght, R.J., Hill, S.G., Dick, A.O., Plamondon, B.D., Linton, P.M., Wierwille, W.W., Zaklad, A.L., Bittner, A.C., and Wherry, R.J. Operator workload: Comprehensive review and evaluation of operator workload methodologies (Technical Report 851). Alexandria, VA: Army Research Institute for the Behavioral and Social Sciences, June 1989.

Manzey, D., Reichenbach, J., and Onnasch, L. Human performance consequences of automated decisions aids in states of fatigue. Proceedings of the Human Factors and Ergonomics Society 53rd Annual Meeting, 329-333, 2009.

Martin, D.W., and Kelly, R.T. Secondary task performance during directed forgetting. Journal of Experimental Psychology 103: 1074-1079, 1974.

Martin, J., Long, J., and Broome, D. The division of attention between a primary tracing task and secondary tasks of pointing with a stylus or speaking in a simulated ship's-gunfire-control task. Ergonomics 27(4): 397-408, 1984.

Miller, K. Processing capacity requirements of stimulus encoding. Acta Psychologica 39: 393-410, 1975.

Wickens, C.D., and Gopher, D. Control theory measures of tracking as indices of attention allocation strategies. Human Factors 19: 349-365, 1977.

2.2.23 模拟飞行次任务

概述：根据特定的研究目的，被试者需要在不同类型条件下（如仪表飞行规则或模拟侧风条件）完成各种机动动作（如着陆进场）。

优势和局限性：该类任务需要对被试者进行大量的训练。

数据要求：实验者应记录的数据包括与指令飞行高度的平均误差、定位信标的均方根误差、下滑坡度的均方根误差、控制动作数量和姿态高通均方。

阈值：未说明。

原书参考文献

Lysaght, R.J., Hill, S.G., Dick, A.O., Plamondon, B.D., Linton, P.M., Wierwille, W.W., Zaklad, A.L., Bittner, A.C., and Wherry, R.J. Operator workload: Comprehensive review and evaluation of operator workload methodologies (Technical Report 851). Alexandria, VA: Army Research Institute for the Behavioral and Social Sciences, June 1989.

2.2.24 空间转换次任务

概述: 在空间转换次任务中，被试者需要判断仪表板或雷达屏幕所提供的信息（数据）是否与图片或图纸描绘的飞机的空间信息相匹配（Lysaght et al，1989）。该类任务涉及知觉和认知加工过程（Lysaght et al，1989）。

优势和局限性: 对于追踪主任务，Lysaght 等（1989）源引 Vidulich 和 Tsang（1985）的一项研究，当空间转换次任务与追踪主任务搭配时，被试者次任务的绩效会下降。

然而，Kramer 等（1984）的研究发现，当次任务为只是要求被试者移动光标时，主任务中的追踪错误显著减少。

Damos（1986）将视觉矩阵旋转任务与减法任务搭配。结果发现，言语报告和手动操纵成绩之间没有显著差异。然而，当被试者需要调整反应以应对语音识别系统的延迟时，减法任务中正确言语报告的反应时显著降低。

数据要求：用于评估该类任务绩效的数据包括正确回答的平均反应时、正确回答的数量和错误回答的数量（Lysaght et al，1989）。

阈值：未说明。

原书参考文献

Damos, D. The effect of using voice generation and recognition systems on the performance of dual tasks. Ergonomics 29(11): 1359-1370, 1986.

Kramer, AF., Wickens, C.D., and Donchin, E. Performance enhancements under dual-task conditions. Proceedings of the 20th Annual Conference on Manual Control, 21-35, 1984.

Lysaght, R.J., Hill, St, Dick, A.O., Plamondon, B.D., Linton, P.M., Wierwille, W.W., Zaklad, A.L., Bittner, A.C., and Wherry, R.J. Operator workload: Comprehensive review and evaluation of operator workload methodologies (Technical Report 851). Alexandria, VA: Army Research Institute for the Behavioral and Social Sciences, June 1989.

Vidulich, M.A., and Tsang, P.S. Evaluation of two cognitive abilities tests in a dual-task environment. Proceedings of the 21st Annual Conference on Manual Control, 12.1-12.10, 1985.

2.2.25 速度保持次任务

概述：速度保持次任务要求被试者操作控制旋钮以保持规定的恒定速度。这是一种心理运动型任务（Lysaght et al，1989）。

优势和局限性：此任务提供了一种对储备反应能力的恒定估计，但对主任务绩效可能会造成极大干扰。

数据要求：操作反应可作为该类任务的绩效数据。

阈值：未说明。

原书参考文献

Lysaght, R.J., Hill, S.G., Dick, A.O., Plamondon, B.D., Linton, P.M., Wierwille, W.W., Zaklad, A.L., Bittner, A.C., and Wherry, R.J. Operator workload: Comprehensive review and evaluation of operator workload methodologies (Technical Report 851). Alexandria, VA: Army Research Institute for the Behavioral and Social Sciences, June 1989.

2.2.26 斯滕伯格记忆次任务

概述：斯滕伯格记忆任务（1966）是为被试者呈现一系列单个字母。在每个字母呈现之后，被试者需要指出之前记忆过的字母组中是否包含该字母。要求记忆的字母组通常包含 2 个或 4 个字母（即记忆组容量）。被试者的反应时根据不同长度的字母组进行记录。如图 2.2 所示，将反应时与字符串长短的关系绘制成线形图。斜率的变化（图 2.2 中的 bl 和 b2）表示被试者间核心信息加工过程的差异；截距的变化（图 2.2 中的 a1 和 a2）表示被试者间感知或反应的差异。另外，该任务还需要记录正确反应的个数以及正确反应的反应时。

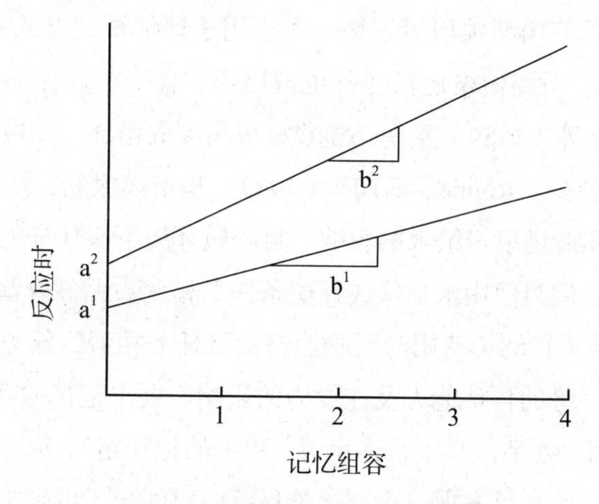

图 2.2 斯滕伯格记忆任务数据

优势和局限性：斯滕伯格记忆任务已被广泛应用于航空和环境条件的评估。

航空。斯滕伯格记忆任务对风况、操纵质量和显示布局所带来的工作负荷具有敏感性。例如，Wolf 等（1978）报告，在狂风中，对斯滕伯格记忆任务的反应时最长，操纵质量最差，记忆组最大（含 4 个字母）。Schiflett（1980）发现，在进近与着陆任务中，随着操纵质量的下降，斯滕伯格记忆次任务的反应时和错误均增加。同样，Schiflett 等（1982）报告，随着操纵质量下降，斯滕伯格记忆任务的 4 个测量指标（正确反应的反应时、截距、斜率和误差百分比）有所增大。在一项直升机任务的研究中，Poston 和 Dunn（1986）使用斯滕伯格记忆任务评估被试者的运动感觉和触觉，其中记录了反应速度和准确性。

斯滕伯格记忆任务的优势在于它对飞行主任务绩效的干扰较小（Schiflett et al,

1980；Dellinger et al，1987）。

然而，该类任务在使用中也存在一些问题。根据模拟飞行中采集的数据（Taylor et al，1985），反应时会随着工作负荷的增加而增加，但错误反应的反应时比正确反应的反应时增加得更多。

此外，Gawron 等（1988）在飞行中使用斯滕伯格记忆搜索任务评估溴吡斯的明（Pyridostigmine bromide）的影响。结果发现，药物或机组占位（主、副驾驶员）对次任务绩效没有显著影响。这一发现可能是由于药物或机组占位对记忆任务确实未产生影响，也有可能是该项指标不具敏感性。在早期的一项研究中，Knotts 和 Gawron（1983）发现，采用周边视觉显示（PVD）字母及字母组时，其中一名被试者的反应时降低，但另一名被试者的反应时并未降低。他们还报告，在整个飞行项目中，斯滕伯格记忆任务的绩效有所提高，并建议在飞行中使用该任务前，要开展大量的训练。

环境条件。单独使用斯滕伯格记忆任务也用于评估被试者的汞暴露情况（Smith 和 Langolf，1981）。斯滕伯格记忆任务也被用作主任务，以评估海拔高度对短时记忆的影响。Kennedy 等（1989）发现，随着海拔高度的增加，反应时会逐渐增加，反应正确的次数逐渐减少。Rolnick 和 Bles（1989）基于模拟船，使用斯滕伯格记忆次任务评估倾斜和封闭舱环境对绩效的影响。封闭舱环境下次任务的反应时与无运动条件下相比有所增加，但与使用水平仪或开窗条件下相比，无显著差异。

Van de Linde 等（1988）使用与斯滕伯格记忆任务相似的任务，以评估佩戴军事防毒面具对数字和字母的再认能力及注意力的影响。要求记忆的字母 / 数字组分别含 1、2、3 和 4 个字母 / 数字，其中目标字母 / 数字的记忆组有 24 个，非目标字母 / 数字的记忆组有 120 个。结果发现，识别字母目标的时间长于识别数字目标的时间。记忆成绩在试次 1 和试次 3 之间没有显著差异。然而，当被试者佩戴军事防毒面具时，任务时间减少了 12%。

最后，Manzey 等（1995）的研究发现，在太空飞行任务之前和任务之中，斯滕伯格记忆任务和追踪任务的双重任务绩效存在显著差异。但对于斯滕伯格记忆任务的单任务绩效，两者之间差异不显著。

双重任务范式。Micalizzi 和 Wickens（1980）在单任务和双重任务条件下比较了斯滕伯格记忆任务的反应时。对斯滕伯格记忆任务的控制有三种方式，包括无掩蔽、单掩蔽或双掩蔽。结果发现，在双重任务中，有掩蔽条件下的反应时显著长于无掩蔽条件。Micalizzi（1981）的研究表明，当斯滕伯格记忆次任务与故障检测任务同时进行时，其操作绩效最差。

Vidulich 和 Wickens（1986）研究发现，追踪任务的叠加，往往会淹没不同斯滕伯格任务条件之间的差异。Tsang 和 Velazquez（1996）将斯滕伯格记忆任务与追踪任务结合，同时采用主观评价的方式从感知觉、反应、空间、言语、视觉和操作等方面评估工作负荷。结果发现，斯滕伯格记忆任务中记忆组容量所解释的方差与工作负荷主观评定相一致。

基于使用斯滕伯格记忆次任务的 4 项研究，Lysaght 等（1989）报告，在追踪、选择反应时和驾驶主任务中的绩效下降；在一项追踪主任务中的绩效提高。当斯滕伯格记忆次任务与追踪主任务或模拟飞行任务搭配时，次任务绩效也下降（表 2.13）。

数据要求：该类任务通常会计算反应时的斜率和截距。Wickens 等（1986）建议不同容量的记忆组至少包含 50 个试次。Schiflett（1983）建议使用自适应的刺激间隔，刺激间隔应根据被试者的正确率进行调整。Knotts 和 Gawron（1983）建议在数据收集之前对斯滕伯格记忆任务进行训练。

阈值：未说明。

表 2.13　使用斯滕伯格记忆次任务的研究

任务类型	主任务绩效			次任务绩效		
	稳定	下降	增加	稳定	下降	增加
选择反应时任务		Hart et al.（1985）				
驾驶任务		Wetherell（1981）				
心算任务		Payne et al.（1994）[a]				
简单反应时任务		Payne et al.（1994）[a]				
模拟飞行任务	Crawford et al.（1978）[a] Wierwille 和 Connor（1983）	O'Donnell（1976）[a]				
追踪任务	Tsang et al.（1996）[a]	Wickens 和 Yeh（1985） Vidulich 和 Wickens（1986）	Briggs et al.（1972）		Schiflett et al.（1982） a Hyman et al.（1988） Briggs et al.（1972） Wickens 和 Yeh（1985）	

注：摘自 Lysaght et al.（1989）。
　　a 未包含在 Lysaght et al.（1989）。

原书参考文献

Briggs, G.E., Peters, G.L., and Fisher, R.P. On the locus of the divided-attention effects. Perception and

Psychophysics 11: 315-320, 1972.

Crawford, B.M., Pearson, W.H., and Hoffman, M. Multiurpose Digital Switching and Flight Control Workload (AMRL-TR-78-43). Wright-Patterson Air Force Base, OH: Air Force Aerospace Medical Research Laboratory, 1978.

Dellinger, J.A., Taylor, H.L., and Porges, S.W. Atropine sulfate effects on aviator performance and on respiratory-heart period interactions. Aviation, Space, and Environmental Medicine 58(4): 333-338, 1987.

Gawron, V.J., Schiflett, S., Miller, J., Ball, J., Slater, T., Parker, F., Lloyd, M., Travale, D., and Spicuzza, R.J. The Effect of Pyridostigmine Bromide on In-Flight Aircrew Performance (USAFSAM-TR-87-24). Brooks AFB, TX: School of Aerospace Medicine, January 1988.

Hart, S.G., Shively, R.J., Vidulich, M.A., and Miller, R.C. The effects of stimulus modality and task integrity: Predicting dual-task performance and workload from single-task levels. Proceedings of the 21st Annual Conference on Manual Control, 5.1-5.18, 1985.

Hyman, F.C., Collins, W.E., Taylor, H. L., Domino, E.F., and Nagel, R.J. Instrument flight performance under the influence of certain combinations of antiemetic drugs. Aviation, Space, and Environmental Medicine 59(6): 533-539, 1988.

Kennedy, R.S., Dunlap, W.P., Banderet, L.E., Smith, M.G., and Houston, C.S. Cognitive performance deficits in a simulated climb of Mount Everest: Operation Everest II. Aviation, Space, and Environmental Medicine 60(2): 99-104, 1989.

Knotts, L.H., and Gawron, VJ. A preliminary flight evaluation of the peripheral vision display using the NT-33A aircraft (Report 6645-F-13). Buffalo, NY: Calspan, December 1983.

Lysaght, R.J., Hill, S.G., Dick, A.O., Plamondon, B.D., Linton, P.M., Wierwille, W.W., Zaklad, AL., Bittner, AC., and Wherry, R.J. Operator workload: Comprehensive review and evaluation of operator workload methodologies (Technical Report 851). Alexandria, VA: Army Research Institute for the Behavioral and Social Sciences, June 1989.

Manzey, D., Lorenz, B., Schiewe,A., Finell, G., and Thiele, G. Dual-task performance in space: Results from a single-case study during a short-term space mission. Human Factors 37(4): 667- 681, 1995.

Micalizzi, J. The structure of processing resource demands in monitoring automatic systems (Technical Report 81-2T). Wright-Patterson AFB, OH: Air Force Institute of Technology 1981.

Micalizzi, J., and Wickens, C.D. The Application of Additive Factors Methodology to Workload Assessment in a Dynamic System Monitoring Task (TREPL-80-2/0NR-80-2). Champaign, IL: University of Illinois Engineering-Psychology Research Laboratory, December 1980.

O'Donnell, R.D. Secondary task assessment of cognitive workload in alternative cockpit configurations. In B.O. Hartman (Ed.) Higher mental functioning in operational environments (p. ClO/l-Cl0/5). AGARD Conference Proceedings Number 181. Neuilly sur Seine, France: Advisory Group for Aerospace Research and Development, 1976.

Payne, D.G., Peters, L.J., Birkmire, D.P., Bonto, M.A., Anatasi, J.S., and Wenger, M.J. Effects of speech intelligibility level on concurrent visual task performance. Human Factors 36(3): 441-475, 1994.

Poston, A.M., and Dunn, R.S. Helicopter flight evaluation of kinesthetic tactual displays: An interim report (HEL-TN-3-86). Aberdeen Proving Ground, MD: Human Engineering Laboratory, March 1986.

Rolnick, A., and Bles, W. Performance and well-being under titling conditions: The effects of visual reference and artificial horizon. Aviation, Space, and Environmental Medicine 60(2): 779-785, 1989.

Schiflett, S.G. Evaluation of a pilot workload assessment device to test alternate display formats and control handling qualities (SY-33R-80). Patuxent River, MD: Naval Air Test Center, July 1980.

Schiflett, SıTheoretical development of an adaptive secondary task to measure pilot workload for flight evaluations. Proceedings of the 27th Annual Meeting of the Human Factors Society, 602-607, 1983.

Schiflett, S., Linton, P.M., and Spicuzza, R.J. Evaluation of a pilot workload assessment device to test alternate display formats and control handling qualities. Proceedings of North Atlantic Treaty Organization (NATO) Advisory Group for Aerospace Research and Development (AGARD) (Paper Number 312). Neuilly-sur-Seine, France: AGARD, 1980.

Schiflett, S.G., Linton, P.M., and Spicuzza, R.J. Evaluation of a pilot workload assessment device to test alternative display formats and control handling qualities. Proceedings of the AIAA Workshops on Flight Testing to Identify Pilot Workload and Pilot Dynamics, 222-233, 1982.

Smith, P.J., and Langolf, G.D. The use of Sternberg's memory-scanning paradigm in assessing effects of chemical exposure. Human Factors 23(6): 701-708, 1981.

Sternberg, S. High speed scanning in human memory. Science 153: 852-654, 1966.

Taylor, H.L., Dellinger, J.A., Richardson, B.C., Weller, M.H., Porges, S.W., Wickens, C.D., LeGrand, J.E., and Davis, J.M. The effect of atropine sulfate on aviator performance (Technical Report APL-TR-85-1). Champaign, IL: University of Illinois Aviation Research Laboratory, March 1985.

Tsang, P.S., and Velazquez,V.L. Diagnosticity and multidimensional subjective workload ratings. Ergonomics 39(3): 358-381, 1996.

Tsang, P.S., Velaquez, V.L., and Vidulich, M.A. Viability of resource theories in explaining time-sharing performance. Acta Psychologica 91(2): 175-206, 1996.

Van de Linde, F.J.G. Loss of performance while wearing a respirator does not increase during a 22.5-hour wearing period. Aviation, Space, and Environmental Medicine 59(3): 273-277, 1988.

Vidulich, M.A., and Wickens, C.D. Causes of dissociation between subjective workload measures and performance. Applied Ergonomics 17(4): 291-296, 1986.

Wetherell, A. The efficacy of some auditory-vocal subsidiary tasks as measures of the mental load on male and female drivers. Ergonomics 24: 197-214, 1981.

Wickens, C.D., Hyman, F., Dellinge 乙 J., Taylor, H., and Meador, M. The Sternberg memory search task as an index of pilot workload. Ergonomics 29: 1371-1383, 1986.

Wickens, C.D., and Yeh, Y. POCs and performance decrements: A reply to Kantowitz and Weldon. Human

Factors 27: 549- 554, 1985.
Wierwille, W.W., and Connor, S. Evaluation of 20 workload measures using a psychomotor task in a moving base aircraft simulator. Human Factors 25: 1-16, 1983.
Wolf, J.D. Crew Workload Assessment: Development of a Measure of Operatoγ Workload (AFFDL-TR-78-165). Wright-Patterson Air Force Base, OH: Air Force Flight Dynamics Laboratory, December 1978.

2.2.27 三段式代码转换次任务

概述：三段式代码转换次任务要求被试者操作一个 3P-Cotran 工作站，该工作站由 3 个指示灯、1 个应答器和 1 个应答存储单元组成。被试者根据指示灯提供的信息和记忆单元记录的解决方案，完成一个三段式问题解决任务（Lysaght et al，1989）。

优势和局限性：该类任务是一种用于研究工作行为和注意保持的综合性工作成套测验（Lysaght et al，1989）。

数据要求：用于评估该类任务绩效的数据包括不同阶段的平均反应时、不同阶段反应的错误数量（Lysaght et al，1989）。

阈值：未说明。

原书参考文献

Lysaght, R.J., Hill, S.G., Dick, A.O., Plamondon, B.D., Linton, P.M., Wierwille, W.W., Zaklad, AL., Bittner, AC., and Wherry, R.J. Operator workload: Comprehensive review and evaluation of operator workload methodologies (Technical Report 851). Alexandria, VA: Army Research Institute for the Behavioral and Social Sciences, June 1989.

2.2.28 时间估计次任务

概述：时间估计次任务要求被试者从接收到刺激开始（通常采用声音刺激），估计某个既定的时间间隔（如 10 秒）。该类任务的衡量指标包括未准确估计的次数和（或）估计的时间长度。

优势和局限性：该技术已应用于航空显示设计和任务绩效研究。

航空。Bortolussi 等（1986）发现，相比容易的飞行场景，被试者在困难任务场景下对 10 秒时间间隔的估计显著延长。Bortolussi 等（1987）在 5 秒的时间估计任务中发现了类似现象。

此外，从每次飞行的开始到结束，所估计的时间间隔长度会缩短。Gunning（1978）要求飞行员在听到一个声音刺激后，估计一个 10 秒的时间间隔。研究者认为，未准确估计的次数和估计的长度会随着工作负荷的增大而增加。Madero 等（1979）同样发现，在一项空投任务中，未准确估计的次数和估计的长度会随任务而增加。研究者还计算了时间估计比（飞行中估计的时间长度除以基线时间长度）。随着巡航和初始点（IP）、巡航和计算空投点（CARP）之间工作负荷的显著增加，时间估计比这一测量指标对工作负荷也具有敏感性。

Connor 和 Wierville（1983）记录了三种水平的阵风和飞机稳定性（负荷）条件下的时间估计平均值、标准差、绝对误差和准确估计的均方根误差。只有一种显著的负荷效应：从低负荷到中等负荷，时间估计的标准差减小；从中等负荷到高负荷，时间估计的标准差增大。该指标对通信负荷、危险和导航负荷具有敏感性。Casali 和 Wierville（1983）研究发现，随着通信负荷的增加，时间估计的标准差显著增大。Casali 和 Wierville（1984）发现，在低危险条件和高危险条件之间，时间估计的标准差显著增大。Wierville 等（1985b）对导航负荷的研究发现了同样的结果。Hartzell（1979）也在直升机模拟器精确悬停机动难度的研究中得到同样结果。

显示设计。Bobko 等（1986）发现，随着屏幕尺寸增加（对角线分别为 0.13m、0.28m 和 0.58m），固定时间间隔的口头估计值反而减小。此外，男性估计的时间比女性估计的时间显著更短。

任务绩效研究。Seidelman 等（2012）要求 28 名研究生将塑料珠子从盘子里放到桶里，以及从盘子里放到钉子上。放置要求或者是按两种颜色交替排列，或者是四种颜色以特定模式排列。在完成这些主任务过程中，要求被试者同时对 3 秒、9 秒、15 秒和 21 秒的时间流逝进行评估。与两种颜色相比，被试者在四种颜色条件下的估计时间与实际时间的差异显著增加。对于 21 秒时间的估计，被试者的估计时间与实际时间的差异显著大于其他三个时间的估计。

Hauser 等（1983）研究发现，使用计数技术进行时间估计所产生的变异要小于不使用计数技术的情况。

综上，许多研究者均得出结论，即该技术对工作负荷具有敏感性（Hart，1978；Wierville et al，1985a）。

Lysaght 等（1989）基于使用时间估计次任务的 4 项研究发现，在飞行模拟主任务中的绩效保持稳定，在监控主任务中的绩效下降。当与监控主任务或飞行模拟主任务搭配时，时间估计次任务的绩效均会下降（表 2.14）。

数据要求：尽管有些研究者报告了几种时间估计指标的显著差异，但使用时间估计标准差的研究结果一致性却表明，该指标可能是最好的时间估计测量指标。

阈值：未说明。

表 2.14 使用时间估计次任务的研究

任务类型	主任务绩效			次任务绩效		
	稳定	下降	增加	稳定	下降	增加
飞行模拟任务		Bortolussi et al.（1987） Bortolussi et al.（1986） Casali 和 Wierwille（1983）[a] Kantowitz et al.（1987）[a] Wierwille 和 Connor（1983）[a] Wierwille et al.（1985）			Bortolussi et al.（1987，1986） Gunning（1978）[a] Wierwille et al.（1985）	
监控任务			Liu 和 Wickens（1987）		Liu 和 Wickens（1987）	

注：摘自 Lysaght et al.（1989）。
a 未包含在 Lysaght et al.（1989）。

原书参考文献

Bobko, D.J., Bobko, P, and Davis, M.A. Effect of visual display scale on duration estimates. Human Factors 28(2): 153-158, 1986.

Bortolussi, M.R., Hart, S.G., and Shively, R.J. Measuring moment-to-moment pilot workload using synchronous presentations of secondary tasks in a motion-base trainer. Proceedings of the Fourth Symposium on Aviation Psychology, 651-657, 1987.

Bortolussi, M.R., Kantowitz, B.H., and Hart, S.G. Measuring pilot workload in a motion base trainer: A comparison of four techniques. Applied Ergonomics 17: 278-283, 1986.

Casali, J.G., and Wierwille, W.W. A comparison of rating scale, secondary task, physiological, and primary task workload estimation techniques in a simulated flight emphasizing communications load. Human Factors 25: 623-641, 1983.

Casali, J.G., and Wierwille, W.W. On the measurement of pilot perceptual workload: A comparison of assessment techniques addressing sensitivity and intrusion issues. Ergonomics 27: 1033-1050, 1984.

Connor, S.A., and Wierwille, W.W. Comparative evaluation of twenty pilot workload assessment measures using a psychomotor task in a moving base aircraft simulator (Report 166457). Moffett Field, CA: NASA Ames Research Center, January 1983.

Gunning, D. Time estimation as a technique to measure workload. Proceedings of the Human Factors Society 22nd Annual Meeting, 41-45, 1978.

Hart, S.G. Subjective time estimation as an index of workload. Proceedings of the Symposium on Man-System Interface: Advances in Workload Study 115-131, 1978.

Hartzell, E.J. Helicopter pilot performance and workload as a function of night vision symbologies. Proceedings of the 18th IEEE Conference on Decision and Control Volumes, 995-996, 1979.

Hauser, J.R., Childress, M.E., and Hart, S.G. Rating consistency and component salience in subjective workload estimation. Proceedings of the Annual Conference on Manual Control, 127-149, 1983.

Kantowitz, B.H., Bortolussi, M.R., and Hart, SιMeasuring workload in a motion base simulation. III. Synchronous secondary task. Proceedings of the Human Factors Society 31st Annual Meeting, 834-837, 1987.

Liu, Y.Y., and Wickens, C.D. Mental workload and cognitive task automation: An evaluation of subjective and time estimation metrics (NASA 87-2). Campaign, IL: University of Illinois Aviation Research Laboratory, 1987.

Lysaght, R.J., Hill, S.G., Dick, A.O., Plamondon, B.D., Linton, P.M., Wierwille, W.W., Zaklad, A.L., Bittner, A.C., and Wherry, R.J. Operator workload: Comprehensive review and evaluation of operator workload methodologies (Technical Report 851). Alexandria, VA: Army Research Institute for the Behavioral and Social Sciences, June 1989.

Madero, R.P., Sexton, G.A., Gunning, D., and Moss, R. Total Aircrew Workload Study for the AMST (AFFDL-TR-79-3080, Volume 1). Wright-Patterson Air Force Base, OH: Air Force Flight Dynamics Laboratory, February 1979.

Seidelman, W., Carswell, CM., Grant, R.C., Sublette, M., Lio, C.H., and Seales, B. Interval production as a secondary task workload measure: Consideration of primary task demands for interval selection. Proceedings of the Human Factors and Ergonomics Society 56th Annual Meeting, 1664-1668, 2012.

Wierwille, W.W., Casali, Jι, Connor, S.A., and Rahimi, M. Evaluation of the sensitivity and intrusion of mental workload estimation technique. In W. Roner (Ed.), Advances in Man-Machine Systems Research (vol. 2, p. 51-127). Greenwich, CT: JAI Press, 1985a.

Wierwille, W.W., and Connor, S.A. Evaluation of 20 workload measures using a psychomotor task in a moving base aircraft simulator. Human Factors 25: 1-16, 1983.

Wierwille, W.W., Rahimi, M., and Casali, J.G. Evaluation of 16 measures of mental workload using a simulated flight task emphasizing mediational activity. Human Factors 27: 489-502, 1985b.

2.2.29 追踪次任务

概述：追踪次任务要求被试者通过使用连续手动应答装置，将一个错误光标定位于刺激物上，以此追踪静止或移动的视觉刺激物（目标）（Lysaght et al，1989）。追踪任务需要被试者消除预期位置和实际位置之间的误差。

优势和局限性：追踪任务提供对工作负荷的连续度量，并在航空领域得到了广泛应用。例如，有研究者（Corkindale et al，1969；Spicuzza et al，1974）使用追踪次任务成功评估了飞机模拟器的工作负荷。Spicuzza 等（1974）研究发现，追踪次任务绩效是工作负荷的敏感指标。Clement（1976）在短距起降（STOL）模拟器中使用交叉耦合追踪次任务评估水平情况显示器。Andre 等（1995）研究发现，在执行模拟飞行主任务的同时完成追踪次任务，模拟飞行主任务中的俯仰、滚转和偏航的标准误增大。

追踪次任务在地面模拟器中可能有用，但不适合在飞行中使用。例如，Ramacci 和 Rota（1975）要求飞行学员在操作主任务的同时完成追踪次任务。由于空气紊流和疲劳效应，研究者无法定量评估这项任务的得分。Williges 和 Wierwille（1979）进一步发现，由于硬件的限制，在飞行中使用追踪次任务不太可行，并且可能存在安全隐患。

在不同场景的应用中，Park 和 Lee（1992）研究表明，追踪任务的绩效能够区分通过和未通过飞行考试的学生。Manzey 等（1995）发现，在太空飞行前和飞行中，追踪任务的绩效以及追踪任务与斯滕伯格记忆任务的绩效显著下降。

然而，Damos 等（1981）研究发现，双重追踪任务的绩效会在 15 次测试后有所提高，这表明可能是长时间练习所致。此外，Robinson 和 Eberts（1987）发现，当追踪次任务与语音告警而不是与图像告警搭配时，次任务绩效会下降。此外，Korteling（1991，1993）报告，两项单维补偿追踪任务的双重任务绩效具有年龄差异。

Lysaght 等（1989）对使用追踪次任务的 12 项研究进行回顾，发现在追踪、监控和问题解决主任务中的绩效保持稳定；在追踪、选择反应时、记忆、简单反应时、探测和分类主任务中的绩效有所下降；在一项追踪主任务中的绩效有所提高。当与追踪、选择反应时、记忆主任务搭配时，追踪次任务的绩效下降；有一项研究发现当与追踪主任务搭配时，追踪次任务的绩效有所提高（表 2.15）。

数据要求：实验者需要计算综合均方根误差、达到目标的总时间、目标驻留总时间、目标的次数和命中目标的次数（Lysaght et al, 1989）。当需要连续测量工作负荷时，追踪次任务最为合适。建议使用已知的强制函数而不是未知的拟随机扰动。

阈值：未说明。

原书参考文献

Andre, A.D., Heers, S.T., and Cashion, P.A. Effects of workload preview on task scheduling during simulated instrument flight. International Journal of Aviation Psychology 5(1): 5- 23, 1995.

Clement, W.F. Investigating the use of a moving map display and a horizontal situation indicator in a simulated powered-lift short-haul operation. Proceedings of the 12th Annual NASA-University Conference on Manual Control, 201-224, 1976.

Corkindale, K.G.G., Cumming, F.G., and Hammerton-Fraser, A.M. Physiological assessment of a pilot、stress during landing. Proceedings of the NATO Advisory Group for Aerospace Research and Development, 56, 1969.

Damos, D., Bittner, A.C., Kennedy, RS., and Harbeson, M.M. Effects of extended practice on dual-task

表 2.15　使用追踪次任务的研究

任务类型	主任务绩效			次任务绩效		
	稳定	下降	增加	稳定	下降	增加
选择反应时任务		Looper（1976） Whitaker（1979）			Hansen（1982） Whitaker（1979）	
分类任务		Wickens et al.（1981）			Wickens et al.（1981）	
辨别任务		Wickens et al.（1981）			Wickens et al.（1981） Robinson 和 Eberts（1987）[a]	
记忆任务		Johnston et al.（1970）			Johnston et al.（1970）	
监控任务	Griffiths 和 Boyce(1971）				Griffiths 和 Boyce（1971）	
问题解决任务	Wright et al.（1974）				Schmidt et al.（1984）	
简单反应时任务		Schmidt et al.（1984）				
模拟飞行任务		Andre et al.（1995）[a]				
追踪任务	Mirchandani（1972）	Gawron（1982）[a] Hess 和 Teichgraber(1974） Wickens 和 Kessel（1980） Wickens et al.（1981）	Tsang 和 Wickens（1984）		Gawron（1982）a Tsang 和 Wickens（1984） Wickens et al.（1981）	Mirchandani（1972）

注：a 未包含在 Lysaght et al.（1989）。

tracking performance. Human Factors 23(5): 625-631, 1981.

Gawron, V.J. Performance effects of noise intensity, psychological set, and task type and complexity. Human Factors 24(2): 225-243, 1982.

Griffiths, I.D., and Boyce, P.R. Performance and thermal comfort. Ergonomics 14: 457-468, 1971.

Hansen, M.D. Keyboard design variables in dual-task. Proceedings of the 18th Annual Conference on Manual Control, 320-326, 1982.

Hess R.A., and Teichgraber, W.M. Error quantization effects in compensatory tracking tasks. IEEE Transactions on Systems, Man, and Cybernetics SMC-4: 343-349, 1974.

Johnston, W.A., Greenberg, S.N., Fisher, R.P,and Martin, D.W. Divided attention: A vehicle for monitoring memory processes. Journal of Experimental Psychology 83: 164-171, 1970.

Korteling, J.E. Effects of skill integration and perceptual competition on age-related differences in dual-task performance. Human Factors 33(1): 35-44, 1991.

Korteling, J.E. Effects of age and task similarity on dual-task performance. Human Factors 35(1): 1993.

Looper, M. The effect of attention loading on the inhibition of choice reaction time to visual motion by concurrent rotary motion. Perception and Psychophysics 20: 80-84, 1976.

Lysaght, R.J., Hill, Sι, Dick, A.O., Plamondon, B.D., Linton, P.M., Wierwille, W.W., Zaklad, A.L., Bittner, AC., and Wherry, R.J. Operator workload: Comprehensive review and evaluation of operator workload methodologies (Technical Report 851). Alexandria, VA: Army Research Institute for the Behavioral and Social Sciences, June 1989.

Manzey D., Lorenz, B, Schiewe, A., Finell, G., and Thiele, G. Dual-task performance in space: Results from a single-case study during a short-term space mission. Human Factors 37(4): 667-681, 1995.

Mirchandani, P.B. An auditory display in a dual axis tracking task. IEEE Transactions on Systems, Man, and Cybernetics 2: 375-380, 1972.

Park, K.S., and Lee, SW. A computer-aided aptitude test for predicting flight performance of trainees. Human Factors 34(2): 189- 204, 1992.

Ramacci, C.A., and Rota, P. Flight fitness and psycho-physiological behavior of applicant pilots in the first flight missions. Proceedings of NATO Advisory Group for Aerospace Research and Development (N7B-24304), vol. 153, 88, 1975.

Robinson, C.P., and Eberts, R.E. Comparison of speech and pictorial displays in a cockpit environment. Human Factors 29(1): 31-44, 1987.

Schmidt, K.H, Kleinbeck, U., and Brockman, W. Motivational control of motor performance by goal setting in a dual-task situation. Psychological Research 46: 129-141, 1984.

Spicuzza, R.J., Pinkus, A.R., and O 'Donnell, R.D. Development of performance assessment methodology for the digital avionics information system. Dayton, OH: Systems Research Laboratories, August 1974.

Tsang, P.S., and Wickens, C.D. The effects of task structures on time-sharing efficiency and resource allocation optimality. Proceedings of the 20th Annual Conference on Manual Control, 305-317, 1984.

Whitaker, L.A. Dual task interference as a function of cognitive processing load. Acta Psychologica 43: 71-84, 1979.

Wickens, C.D., and Kessel, C. Processing resource demands of failure detection in dynamic systems. Journal of Experimental Psychology: Human Perception and Performance 6: 564-577, 1980.

Wickens, C.D., Mountford, S.J., and Schreiner, W. Multiple resources, task-hemispheric integrity and individual differences in time-sharing. Human Factors 23: 211- 229, 1981.

Willіges, R.C., and Wierwille, W.W. Behavioral measures of aircrew mental workload. Human Factors 21: 549-574, 1979.

Wright, P., Holloway, C.M., and Aldrich, A.R. Attending to visual or auditory verbal information while performing other concurrent tasks. Quarterly Journal of Experimental Psychology 26: 454-463, 1974.

2.2.30 工作负荷量表次任务

概述：工作负荷量表根据多任务绩效成套测验（MTPB）的成绩计算而来。将被试者在 MTPB 每个测验中的成绩与其他被试者进行比较，计算出成绩较好的人数比例。通常将这些比例转换为 z 分数，并乘以 –1 使得负分数与低工作负荷相关联（Chiles 和 Alluisi，1979）。

优势和局限性：工作负荷量表易于计算，但有两个前提假设：①线性可加性；②任务之间没有交互作用。某些任务可能会违背这些假设。此外，次任务的干扰性也可能会妨碍其在非实验室环境中的应用。

数据要求：需要计算出不同任务组合的成绩。

阈值：未说明。

原书参考文献

Chiles, W.D., and Alluisi, E.A. On the specification of operator or occupational workload with performance-measurement methods. Human Factors 21(5): 515-528, 1979.

2.3 工作负荷的主观测量

工作负荷的主观测量方法有五种。第一种是比较测量，请被试者比较两个任务中哪一个任务的工作负荷更大。这类测量将在 2.3.1 中描述。第二种是决策树测量，被试者通过一系列离散的问题实现工作负荷评定（见 2.3.2）。第三种是一套子量表测量，每个子量表分别测量工作负荷的不同方面（见 2.3.3）。第四种是单个数字测量，顾名思义，它需要被试者只用一个数字对工作负荷进行评定（见 2.3.4）。最后一种是任务分析测量，将任务分解为工作负荷评价的子任务和子任务需求（见 2.3.5）。表 2.16 进行了总结。

表 2.16　工作负荷主观测量的比较

编号	测量	信度	任务时间	计分的难易
2.3.4.1	空中交通负荷输入技术	高	需要 1 ~ 7 级评定	无需计分
2.3.1.1	层次分析法	高	需要对任务进行成对评定	计算机计分
2.3.5.1	工作活动分析法	高	需要评定 216 个题目	需要多变量统计
2.3.3.1	自动化影响脑力负荷的评估量表	高	需要评定 32 个题目	需要计算百分比
2.3.2.1	贝德福德工作负荷量表	高	需要两次决定	无需计分
2.3.5.2	工作负荷的计算机快速分析	未知	无	需要详细的任务时间表
2.3.4.2	工作负荷连续主观评估	高	需要将计算机提示程序化	计算机计分
2.3.2.2	库珀 – 哈珀评定量表	高	需要三次决定	无需计分
2.3.4.2	工作负荷连续主观评估	未知	通过观看飞行视频，进行 1 ~ 10 级评定	无需计分
2.3.3.2	机组状态调查表	高	需要一次决定	无需计分
2.3.4.3	动态工作负荷量表	高	工作负荷变化时，需要飞行员和观察员进行评定	无需计分
2.3.4.4	相等间隔	未知	需要用多个类别进行评定	无需计分
2.3.3.3	芬戈尔德工作负荷评定量表	高	需要 5 级评定	需要计算平均值
2.3.3.4	飞行工作负荷问卷	可能会引起反应偏差	需要 4 级评定	无需计分
2.3.4.5	哈特和博尔托鲁西评定量表	未知	需要 1 级评定	无需计分
2.3.3.5	哈特和豪瑟评定量表	未知	需要 6 级评定	需要从量表标记中插入数量
2.3.2.3	霍尼韦尔库珀 – 哈珀评定量表	未知	需要三次决定	无需计分
2.3.3.6	人机交互工作负荷测量工具	未知	需要对 6 个题目进行 1 ~ 5 级评定	评定后面试
2.3.4.6	即时自我评估	高	需要 1 ~ 5 级评定	无需计分
2.3.1.2	幅度估计	中等	需要与标准进行比较	无需计分
2.3.5.3	麦克拉肯 – 奥尔德里奇技术	未知	可能需要几个月的准备	需要计算机编程

续表

编号	测量	信度	任务时间	计分的难易
2.3.4.7	麦克唐纳评定量表	未知	需要三次或四次决定	无需计分
2.3.2.4	任务可操作性评估技术	未知	需要 2 级评定	需要联合测量技术
2.3.2.5	库珀－哈珀修订量表	高	需要三次决定	无需计分
2.3.3.7	多维描述量表	低	需要 6 级评定	需要计算平均值
2.3.3.8	多维评定量表	高	需要 8 级评定	需要测量线长
2.3.3.9	多资源调查表	中等	需要 16 级评定	无需计分
2.3.3.10	双极评定量表	高	需要 10 级评定	需要加权程序
2.3.3.11	NASA 任务负荷指数	高	需要 6 级评定	需要加权程序
2.3.4.8	总体工作负荷量表	中等	需要 1 级评定	无需计分
2.3.4.9	飞行员工作负荷客观 / 主观评估技术	高	需要 1 级评定	无需计分
2.3.1.3	飞行员主观评价	未知	需要 4 个量表的评分系统并完成问卷调查	需要大量的解释
2.3.3.12	心境状态量表	高	大约需要 10 分钟完成	需要手动或计算机
2.3.2.6	顺序判断量表	高	需要对每个任务进行评定	需要测量并转换为百分比
2.3.3.13	工作负荷主观评估技术	高	需要事先对卡片进行分类并进行 3 级评定	需要计算机计分
2.3.1.4	工作负荷主观优势技术	高	需要 N（N–1）/2 对比较	需要计算几何平均数
2.3.5.4	任务分析工作负荷	未知	可能需要几个月的准备	需要详细的任务分析
2.3.3.14	团体工作负荷调查表	未知	需要对 10 个题目进行 1 ~ 10 级评定	除以 10 得到 1 ~ 100 的分数
2.3.4.10	利用率	高	无	需要回归
2.3.3.15	工作负荷 / 补偿 / 干预 / 技术效率	未知	需要对 16 个矩阵单元格进行排序	需要复杂的数学处理
2.3.5.5	扎卡里 / 扎克拉德认知分析	未知	可能需要几个月的准备	需要详细的任务分析

Casali 和 Wierwille（1983）指出了主观测量的几个优点：“价格低廉，不引人注目，易于管理，易于转移到全尺寸飞机和大量的任务中”。Gopher（1983）的结论是，主观测量“非常有价值”。Wickens（1984）指出，主观测量具有很高的表面效度。Muckler 和 Seven（1992）指出，主观测量可能是必不可少的。

然而，O'Donnell 和 Eggemeier（1986）指出了工作负荷主观测量的 6 个局限性：①心理和身体负荷的潜在混淆；②外部需求 / 任务难度和实际负荷的区分难度；③操作员无法主观评价信息的无意识加工；④主观评定与任务绩效的分离；⑤要求明确定义的问题；⑥对短时记忆的依赖。Eggemeier（1981）提出了另外 2 个问题：①开发主观心理负荷的广义测量；②确定与主观负荷体验有关的因素。

此外，Meshkati 等（1990）提示，评分者可能会对评定表中的用词做出不同的解释，从而导致不一致的结果。最后，Heiden 和 Caldwell（2015）讨论了心理负荷主观测量在诸如创伤性脑损伤（TBI）等认知缺陷人群中的应用。

原书参考文献

Casali, J.C., and Wierwille, W.W. A comparison of rating scale, secondary task, physiological, and primary-task workload estimation techniques in a simulated flight task emphasizing communications load. Human Factors 25: 623-642, 1983.

Eggemeier, F.T. Current issues in subjective assessment of workload. Proceedings of the Human Factors Society 25th Annual Meeting, 513-517, 1981.

Gopher, D. The Workload Book: Assessment of Operator Workload to Engineering Systems (NASA-CR-166596). Moffett Field, CA: NASA Ames Research Center, November 1983.

Heiden, S.M., and Caldwell, B.S. Considerations for using subjective mental workload measures in populations with cognitive deficits. Proceedings of the 59th Human Factors and Ergonomics Society Annual Meeting, 476-480, 2015.

Meshkati, N., Hancock, P.A., and Rahimi, M. Techniques in mental workload assessment. In J.R. Wilson and E.N. Corlett (Eds.) Evaluation of Human Work. A Practical Ergonomics Methodology (p. 605-627). New York: Taylor & Francis Group, 1990.

Muckier, F.A., and Seven, S.A. Selecting performance measures “objective” versus subjective measurement. Human Factors 34: 441-455, 1992.

O ’Donnell, R.D., and Eggemeier, F.T. Workload assessment methodology. In K.R. Boff, L. Kaufman, and Thomas (Eds.) Handbook of Perception and Human Performance (p.42-1-42-89). New York: Wiley and Sons, 1986.

Wickens, C.D. Engineering Psychology and Human performance. Columbus, OH: Charles E. Merrill, 1984.

2.3.1 工作负荷的主观比较测量

比较测量要求被试者识别两个任务中哪一个任务的工作负荷更高。示例包括工作负荷的层次分析法（见 2.3.1.1）、幅度估计（见 2.3.1.2）、飞行员主观评价（见 2.3.1.3），以及主观优势技术（见 2.3.1.4）。

2.3.1.1 层次分析法

概述：层次分析法（AHP）采用配对比较的方式测量工作负荷。具体而言，被试者评价两种条件的工作负荷孰高孰低。条件的所有组合均必须得到比较。因此，如果有 n 种条件，则比较次数为 $0.5n\,(n-1)$。

优势和局限性：Lidderdale（1987）发现，飞行员和导航员对低水平战术任务的评定具有高度一致性。Vidulich 和 Tsang（1987）得出结论，AHP 评定比总体工作负荷评定或 NASA-TLX 更为有效和可靠。Vidulich 和 Bortolussi（1988）报告，AHP 评定比辅助反应时对注意更为敏感。Vidulich 和 Tsang（1988）报告了较高的重测信度。

Bortolussi 和 Vidulich（1991）报告，在战斗直升机模拟任务中，采用语音控制的工作负荷明显高于手动控制。AHP 可解释任务阶段 64.2% 的方差（Vidulich 和 Bortolussi，1988）。在中国，AHP 已被用于确定工人的工资，其依据源于身心负荷、环境条件和工作强度（Shen et al，1990）。

AHP 对战斗直升机模拟中的自动化程度也很敏感（Bortolussi 和 Vidulich，1989）。Metta（1993）使用 AHP 开发了计算机界面的一种等级排序。她指出 AHP 的优点有：①易于量化人类判断的一致性；②尽管样本量小，统计显著性水平低，但仍会产生有用的结果；③无需统计假设。不过必须要使用复杂的数学程序（Lidderdale，1987；Lidderdale 和 King，1985；Saaty，1980）。

数据要求：使用 AHP 需要四个步骤。首先，必须编写一套指导语。被试者阅读完指导语后应口头复述一遍，以确保他们对任务已经理解；其次，必须设计一套评价表，用于收集被试者的数据。如图 2.3 所示，每个评价表含有被比较的两种条件，一种在页面的左侧，另一种在页面的右侧。两种条件之间是 17 点评定刻度。该量表按预定顺序使用了五种描述符，并允许每种描述符之间有一个点，用于综合评定。Vidulich（1988）定义了该量表的描述符（表 2.17）。Budescu 等（1986）提供了临界值表，用于检测与被试者的不一致判断；再次，数据必须进行评分。分数范围从 +8（左侧条件相比右侧条件占绝对优势）~ –8（右侧条件相比左侧条件占绝对优势）；最后，将分数以矩阵形式输入计算机程序。该程序的输出是每种条件的量表权重和三个拟合度指标。

阈值：未说明。

工作负荷判断

绝对强　非常强　强　弱　相当　弱　强　非常强　绝对强

平显仪表着陆系统进场—————————————————非平显仪表着陆系统进场

图 2.3　AHP 评定量表示例

表 2.17　AHP 量表描述的定义

相当	两种任务组合，其在同时性任务所致的工作负荷上完全相等
弱	经验和判断略表明，其中一种任务组合比另一种任务组合具有更大的工作负荷
强	经验和判断强烈表明，其中一种组合具有更高的工作负荷
非常强	一种任务组合在工作负荷上占强烈优势，这种优势在实践中得到了明确的证明
绝对强	一种任务组合工作负荷优势的支持证据，是最大可能的肯定级别（改编自 Vidulich，1988）

原书参考文献

Bortolussi, M.R., and Vidulich, M.A. The effects of speech controls on performance in advanced helicopters in a double stimulation paradigm. Proceedings of the International Symposium on Aviation Psychology, 216-221, 1991.

Bortolussi, M.R., and Vidulich, M.A. The benefits and costs of automation in advanced helicopters: An empirical study. Proceedings of the 5th International Symposium on Aviation Psychology, 594-599, 1989.

Budescu, D.V., Zwick, R., and Rapoport, A. A comparison of the Eigen value method and the geometric mean procedure for ratio scaling. Applied Psychological 1easurement 10: 68-78, 1986.

Lidderdale, l.G. Measurement of aircrew workload during low-level flight, practical assessment of pilot workload (AGARD-AG-282). Proceedings of NATO Advisory Group for Aerospace Research and Development (AGARD), 69-7 1987.

Lidderdale, Iι and King, A.H. Ana is of Subjective Rati Using the Analytical Hierarchy Process: A Microcomputer Program. High Wycombe, England: OR Branch NFR, HQ ST C, RAF, 1985.

Metta, D.A. An application of the analytic hierarchy process: A rank-ordering of computer interfaces. Human Factors 35(1): 141-157, 1993.

Saaty, T.L. The Analytical Hierarchy Process. New York: McGraw-Hill, 1980.

Shen, R., Meng, X., and Yan, Y. Analytic hierarchy process applied to synthetically evaluate the labor intensity of jobs. Ergonomics 33(7): 867, 1990.

Vidulich, M.A. Notes on the AHP procedure, 1988. (Available from Dr. Michael A. Vidulich, Wright-Patterson Air Force Base, OH 45433-6573.)

Vidulich, M.A., and Bortolussi, M.R. A dissociation of objective and subjective workload measures in assessing the impact of speech controls in advanced helicopters. Proceedings of the Human Factors Society 32nd Annual Meeting, 1471-1475, 1988.

Vidulich, M.A., and Tsang, P.S. Absolute magnitude estimation and relative judgment approaches to subjective workload assessment. Proceedings of the Human Factors Society 31st Annual Meeting, 1057-1061, 1987.

Vidulich, M.A., and Tsang, P.S. Evaluating immediacy and redundancy in subjective workload techniques. Proceedings of the Twenty-Third Annual Conference on Manual Control, 1988.

2.3.1.2 幅度估计

概述：被试者根据某种标准以数字形式对工作负荷做出估计。

优势和局限性：Borg（1978）成功使用了这种方法对工作负荷进行评估。Helm和Heimstra（1981）报告了工作负荷估计与任务难度之间的高度相关性。Masline（1986）报告的敏感度与相等间隔法和工作负荷主观评估技术（SWAT）的估计值相当。Kramer等（1987）报告了与固基飞行模拟器绩效之间良好的对应关系。相比之下，Gopher和Braune（1984）发现工作负荷估计值与反应时之间的相关性较低。Hart和Staveland（1988）指出，评定标准的存在，会提高评分者之间的可靠性。然而，O' Donnell和Eggemeier（1986）提醒，被试者在实验过程中可能无法保持对评定标准的准确记忆。

数据要求：评定标准必须得到明确定义。

阈值：未说明。

原书参考文献

Borg, C.G. Subjective aspects of physical and mental load. Ergonomics 21: 215-220, 1978.

Gopher, D., and Braune, R. On the psychophysics of workload: Why bother with subjective measures? Human Factors 26: 519-532, 1984.

Hart, S.G., and Staveland, L.E. Development of NASA-TLX (Task Load Index): Results of empirical and theoretical research. In P.A. Hancock and N. Meshkati (Eds.) Human Mental workload. Amsterdam: Elsevier, 1988.

Helm, W., and Heimstra, N.W. The relative efficiency of psychometric measures of task difficulty and task performance in predictive task performance (Report No. HFL-81-5). Vermillion, SD: University of South Dakota, Psychology Department, Human Factors Laboratory, 1981.

Kramer, A.F., Sirevaag, E.J., and Braune, R. A psychophysical assessment of operator workload during simulated flight missions. Human Factors 29: 145-160, 1987.

Masline,P.J. A comparison of the sensitivity of interval scale psychometric techniques in the assessment of subjective workload. Unpublished master's thesis, University of Dayton, Dayton, OH, 1986.

O 'Donnell, R.D., and Eggemeier, F.T. Workload assessment methodology. In K.R. Boff, L. Kaufman, and J. Thomas (Eds.) Handbook of Perception and Human Performance. Vol. 2, Cognitive Processes and performance (p. 1-49). New York: vile 1986.

2.3.1.3 飞行员主观评价

概述：飞行员工作负荷主观评价（PSE）量表（表2.18）由波音公司开发，用于波音 767 飞机的认证。该量表还附有一份问卷。无论是量表还是问卷，均参考飞行员所选择的现有飞机而完成。

优势和局限性：Fadden（1982）、Ruggerio 和 Fadden（1987）指出，工作负荷的评定值大于参考飞机，在识别飞机设计缺陷的过程中是有用的。

数据要求：每名被试者必须完成 PSE 量表和问卷。

阈值：1 为最小工作负荷，7 为最大工作负荷。

表 2.18　飞行员主观评价量表（来自 Lysaght et al，1989）

	脑力付出	体力付出	所需时间	对水平位置的理解
	更多　更少	更多　更少	更多　更少	更多　更少
导航	□□□◇□□□	□□□◇□□□	□□□◇□□□	□□□◇□□□
飞行管理系统操作与监控	□□□◇□□□	□□□◇□□□	□□□◇□□□	
发动机系统运行和监控	———————	———————	（已完成的选定任务）	
飞行路径手动控制	□□□◇□□□	□□□◇□□□	可用时间	信息有用性
通信		□□□◇□□□	更多　更少	更多　更少
指挥决策	□□□◇□□□		□□□◇□□□	□□□◇□□□
防撞	———————	———————	□□□◇□□□	

原书参考文献

Fadden, D. Boeing Model 767 flight deck workload assessment methodology. Presented at the SAE Guidance and Control System Meeting, Williamsburg, VA, 1982.

Lysaght, R.J., Hill, S.G., Dick, A.O., Plamondon, B.D., Linton, P.M., Wierwille, W.W., Zaklad, A.L., Bittner, A.C., and Wherry R.J. Operator workload: Comprehensive review and evaluation of operator workload methodologies (Technical Report 851). Alexandria, VA: Army Research Institute for the Behavioral and Social Sciences, June 1989.

Ruggerio, F.,and Fadden, D. Pilot subjective evaluation of workload during a flight test certification programme. In A.H.Roscoe (Ed.) The Practical Assessment of Pilot Workload. AGARD-oegraph 282 (p. 32-36). Neuilly-sur-Seine, France: AGARD, 1987.

2.3.1.4　工作负荷主观优势技术

概述：工作负荷主观优势技术（SWORD）采用判断矩阵对工作负荷进行评估。

优势和局限性：SWORD 在预测有关各种平显（HUD）格式的工作负荷方面很有用（Vidulich et al，1991）。此外，Tsang 和 Vidulich（1994）报告，作为追踪任务条件的函数，SWORD 评定值具有显著差异。重测信度为 0.937。在一项无人机研究中，Draper 等（2000）报告，在没有触觉提示的情况下，工作负荷显著增加。经过广泛使用，

Vidulich（1989）得出结论，SWORD是一种敏感和可靠的工作负荷测量工具。

数据要求：有三个必需的步骤：①必须完成量表评定，量表列出了任务过程中的所有可能的成对比较；②必须填写每项任务与其他各项任务进行比较的判断矩阵；③必须使用几何均数法计算评定值。

阈值：未说明。

原书参考文献

Draper, M.H, Ruff, H.A., Repperger, D.W., and Lu, L.G. Multi-sensory interface concepts supporting turbulence detection by UAV controllers. In D.B. Kaber and M.R. Endsley (Eds.) Proceedings of the First Human Performance, Situation Awareness and Automation: User-Centered Design for the New Millennium, 107-112, 2000.

Tsang, P.S., and Vidulich, M.A. The roles of immediacy and redundancy in relative subjective workload assessment. Human Factors 36(3): 503-513, 1994.

Vidulich, M.A. The use of judgment matrices in subjective workload assessment: The subjective workload dominance (SWORD) technique. Proceedings of the Human Factors Society 33rd Annual Meeting, 1406-1410, 1989.

Vidulich, M.A., Ward, G.F., and Schueren, J. Using the Subjective Workload Dominance (SWORD) technique for projective workload assessment. Human Factors 33(6): 677-691, 1991.

2.3.2 工作负荷的决策树主观测量

工作负荷的决策树主观测量，要求被试者逐步完成一系列离散的问题，以实现工作负荷评定。示例包括：贝德福德工作负荷量表（见2.3.2.1）、库珀－哈珀评定量表（见2.3.2.2）、霍尼韦尔库珀－哈珀评定量表（见2.3.2.3）、任务可操作性评估技术（见2.3.2.4）、库珀－哈珀修订量表（见2.3.2.5）和顺序判断量表（见2.3.2.6）。

2.3.2.1 贝德福德工作负荷量表

概述：Roscoe（1984）描述了在英国贝德福德皇家飞机机构试飞员的帮助下，通过反复试验创建的库珀－哈珀评定量表的修订版。贝德福德工作负荷量表（图2.4）保留了二元决策树以及库珀－哈珀评定量表的4级和10级序数结构。3级序数结构要求飞行员评估的内容包括：①是否有可能完成任务；②工作负荷是否可以忍受；③工作负荷在不降低的情况下是否令人满意。评定量表的结束点是对于所放弃的任务并不重要的工作负荷。除结构之外，还使用了Cooper-Harper（1969）有关飞行员工作负荷的定义："满足特定飞行任务需求的综合脑力和体力付出"（Roscoe，1984）。备用容量的概念被用于帮助定义工作负荷的水平。

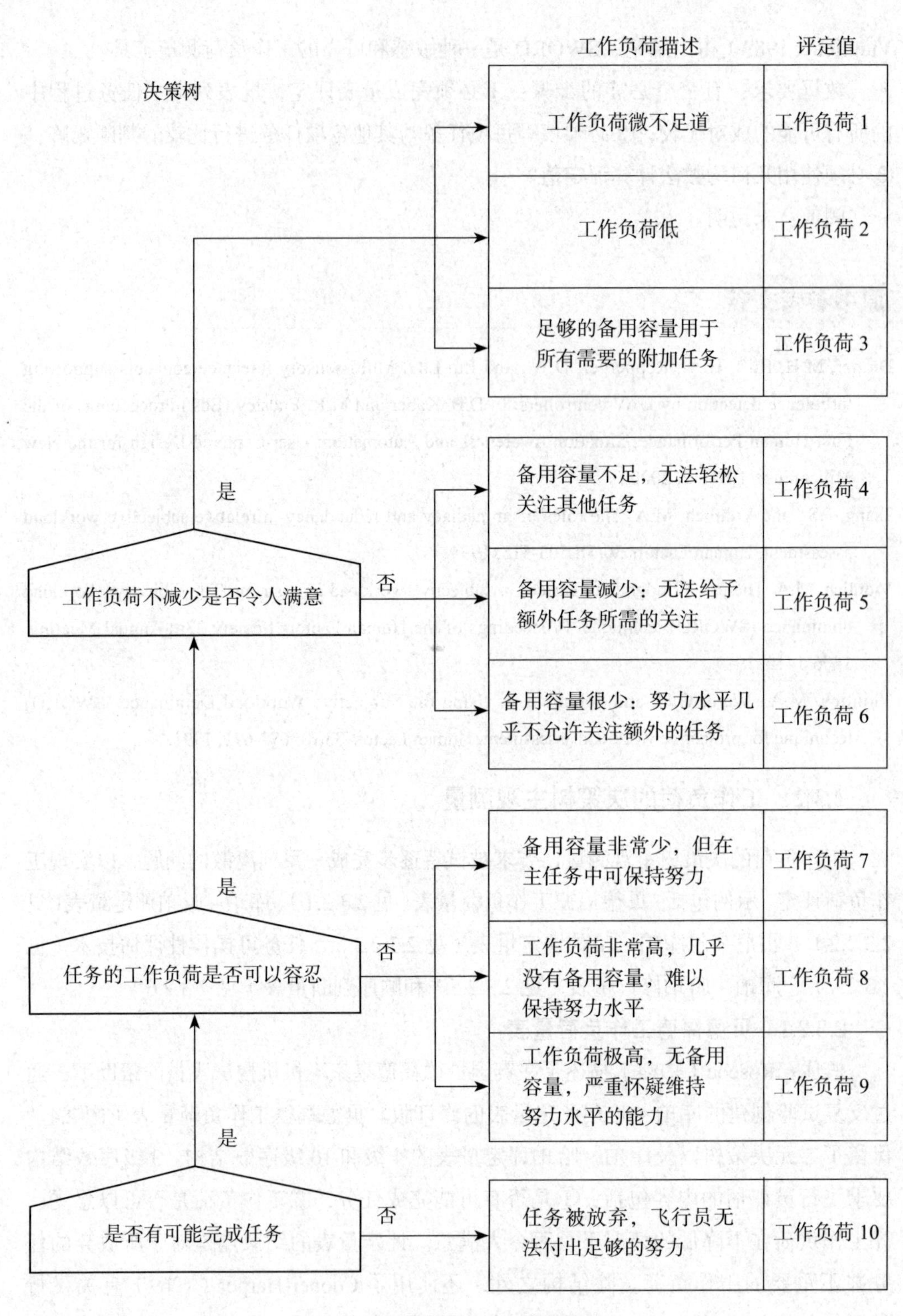

图 2.4　贝德福德工作负荷量表图

优势和局限性：Roscoe（1987）报告，该量表被机组人员广泛接受。Roscoe（1984）报告，飞行员发现“该量表在不需要总参考决策树的情况下也容易使用”。他还指出，有必要接受飞行员的 3.5 分评定。这些陈述表明，飞行员看重贝德福德工作负荷量表的 10 级而不是 4 级序数结构。Roscoe（1984）发现，在 BAE 125 双发喷气式飞机紧密耦合飞行机动中，飞行员的工作负荷评定和心率以类似的方式变化。他认为心率信息得到了补充，并增加了工作负荷主观评定的价值。他也指出还缺乏贝德福德工作负荷量表和心率数据所提供的绝对工作负荷信息。

Wainwright（1987）在 BAE 146 飞机认证过程中使用了该量表。Burke 等（2016）使用贝德福德量表测量飞行员的工作负荷，通过一个系统鉴别当前飞行路径的轨迹改进。这些数据是从 12 名飞行员飞行过程中采集的。Corwin 等（1989）得出结论，基于飞行模拟器数据，贝德福德工作负荷量表对于工作负荷的测量是可靠和有效的。

Svensson 等（1997）报告，在 18 名飞行员执行模拟低空高速任务的测试数据中，贝德福德工作负荷量表的信度为 0.82，与 NASA-TLX 量表的相关为 0.826，与主观工作负荷主观评估技术（SWAT）量表的相关为 0.687。Tsang 和 Johnson（1987）得出结论，贝德福德工作负荷量表在备用容量方面提供了一种很好的测量。

然而，Oman 等（2001）报告，在固定翼飞机不同垂直显示格式之间，贝德福德工作负荷量表的评分没有增高，但高度分数均方根有所下降。而且，Comstock 等（2010）报告，在使用 4 类通信（语音 / 纸质、数据 / 纸质、数据 / 移动地图、数据 / 移动地图路线）模拟地面 / 滑行操作期间，飞行员飞行和飞行员监控的工作负荷之间没有显著差异。此外，Vidulich 和 Bortolussi（1988）报告了贝德福德工作负荷量表在 4 个航段中的评分存在显著差异，但盘旋期间的工作负荷评分比盘旋伴随通信任务中的工作负荷要小。而且该量表无论是在控制布局还是作战对抗条件下，其差异均不敏感。

Vidulich（1991）对于该量表是否可测量备用容量提出了质疑。此外，Lidderdale（1987）报告，飞行后评分对于机组人员很难完成。最后，Ed George（2002）对贝德福德工作负荷量表术语的调查反应进行了分析。在 20 名美国空军飞行员中，4 人报告在工作负荷 1 与工作负荷 2 之间有混淆，2 人报告在工作负荷 2 与工作负荷 3 之间有混淆，10 人报告在工作负荷 4 与工作负荷 5 之间有混淆，6 人报告在工作负荷 5 与工作负荷 6 之间有混淆，2 人报告在工作负荷 6 与工作负荷 7 之间有混淆，3 人报告在工作负荷 8 与工作负荷 9 之间有混淆。

数据要求：Roscoe（1984）建议使用简短、定义明确的飞行任务以提高工作负荷主观评定的信度。Harris 等（1992）指出，“一些练习”对于熟悉量表是必要的。他们还建议采用非参数分析技术，因为贝德福德工作负荷量表并不是等距量表。

阈值：最小值为 1，最大值为 10。Sturrock 和 Fairburn（2005）为贝德福德评定量表定义了两组红线值：

开发 / 风险降低工作负荷评估：

1 ~ 3 可接受；

4 ~ 8 进一步研究；

9、10 不可接受，需要设计更改。

资格认证工作负荷评估：

1 ~ 8 可接受；

9、10 研究设计更改。

原书参考文献

Burke, KA., Wing, D.J., and Haynes, M. Flight test assessment s of pilot workload, system usability and situation awareness of TASAR. Proceedings of the Human Factors and Ergonomics Society 60th Annual Meeting, 61-65, 2016.

Comstock, J.R., Baxley, B.T., Norman, R.M., Ellis, K.K.E., Adams, C.A., Latorella, K.A., and Lynn, W.A. The impact of data communication messages in the terminal area on flight crew workload and eye scanning. Proceedings of the Human Factors and Ergonomics Society 54th Annual Meeting, 121-125, 2010.

Corwin, W.H., Sandry-Garza, D.L., Biferno, M. H,Boucek, G.P, Logan, A.L., Jonsson, J.E., and Metalis, S.A. Assessment of Crew Workload Measurement Methods, Techniques and Procedures. Volume I Process, Methods, and Results (WRDC -TR-89-7006). Wright-Patterson Air Force Ba s e, OH: Wright Re search and Development Center, 1989.

Harris, R.M., Hill, S.G., Lysaght, R.J., and Christ, R.E. Handbook for Operating the OWL & NEST Technology (A RI Research Note 92-49). Alexandria, VA: United States Army Research Institute for the Behavioral and Social Sciences, 1992.

Lidderdale, LG. Measurement of aircrew workload during low-level flight, practical assessment of pilot workload (AGARD-AG-282). Proceedings of NATO Advisory Group for Aerospace Research and Development (AGA RD). Neuilly-sur-Seine, France: AGARD, 1987.

Oman, C.M., Kendra, A.J.,Hayashi, M., Stearns, M.J., and Burki-Cohen, J. Vertical navigation displays: Pilot performance and workload during simulated constant angle of descent GPS approaches. International Journal of Aviation Psychology 11(1): 15-31, 2001.

Roscoe, A.H. Assessing pilot workload in flight. Flight test techniques. Proceedings of NATO Advisory Group for Aerospace Research and Development (AGARD)(AGARD-CP-373). Neuilly-sur-Seine, France: AGARD, 1984.

Roscoe, A.H. In-flight assessment of workload using pilot ratings and heart rate. In A.H. Roscoe (Ed.) The Practical Assessment of Pilot Workload. AGARDograph No.282 (p. 78-82). Neuilly-sur-Seine, France: AGARD, 1987.

Sturrock, F.,and Fairburn, C. Measuring pilot workload in single and multi-crew aircraft. Measuring pilot workload in a single and multi-crew aircraft. Contemporary Ergonomics 2005: Proceedings of the International Conference on Contemporary Ergonomics (CE2005), 588-592, 2005.

Svensson, E., A ngelborg-Thanderz, M., Sjoberg, L., and Olsson, S. Information complexity-Mental workload and performance in combat aircraft. Ergonomics 40(3): 362-380, 1997.

Tsang, P.S., and Johnson, W. Automation: Changes in cognitive demands and mental workload. Proceedings of the 4th Symposium on Aviation Psychology, 616-622, 1987.

Vidulich, M.A. The Bedford Scale: Does it measure spare capacity? Proceedings of the 6th International Symposium on Aviation Psychology vol. 2, 1136-1141, 1991.

Vidulich, M.A., and Bortolussi, M.R. Control configuration study. Proceedings of the American Helicopter Society National Specialist's Meeting: Automation Applications for Rotorcraft, 20-29, 1988.

Wainwright, W. Flight test evaluation of crew workload. In A.H. Roscoe (Ed.) The Practical Assessment of Pilot Workload. AGARDograph No. 282 (p. 60-68).Neuilly-sur-Seine, France: AGARD, 1987.

2.3.2.2 库珀－哈珀评定量表

概述：库珀－哈珀评定量表是一种决策树测量，其利用任务的充分性、飞机特性和对飞行员的要求，以评定飞机的操纵品质（图 2.5）。

优势和局限性：库珀－哈珀评定量表是评价飞机操纵品质的现行标准。它反映了性能与工作负荷的差异，并通过行为予以确定。该量表的使用需要最低程度的培训，且已制定了简单的指导文件（Cooper 和 Harper，1969）。Harper 和 Cooper（1984）描述了该量表的一系列评估。

库珀－哈珀评定对控制、显示和飞机稳定性的变化很敏感（Crabtree，1975；Krebs 和 Wingert，1976；Lebacqz 和 Aiken，1975；Schultz et al，1970；Wierwille 和 Connor，1983）。

Connor 和 Wierwille（1983）报告，随着气流水平的增加和（或）随着飞机俯仰稳定性的降低，库珀－哈珀评定等级显著增加。Ntuenet 等（1996）报告，随着补偿性追踪任务不稳定性的增加，库珀－哈珀评定量表的评分提高。最高评分为加速度控制；最低评分为位置控制；速率控制居于二者之间。

数据要求：该量表提供顺序数据进行分析。只有当操纵难度成为工作负荷的主要决定因素时，库珀－哈珀评定量表才用于工作负荷评估。任务必须被完全定义为一种普遍参考。

阈值：评分从 1（优秀、非常理想）~ 10（严重缺陷）不等。不能用非整数评分。

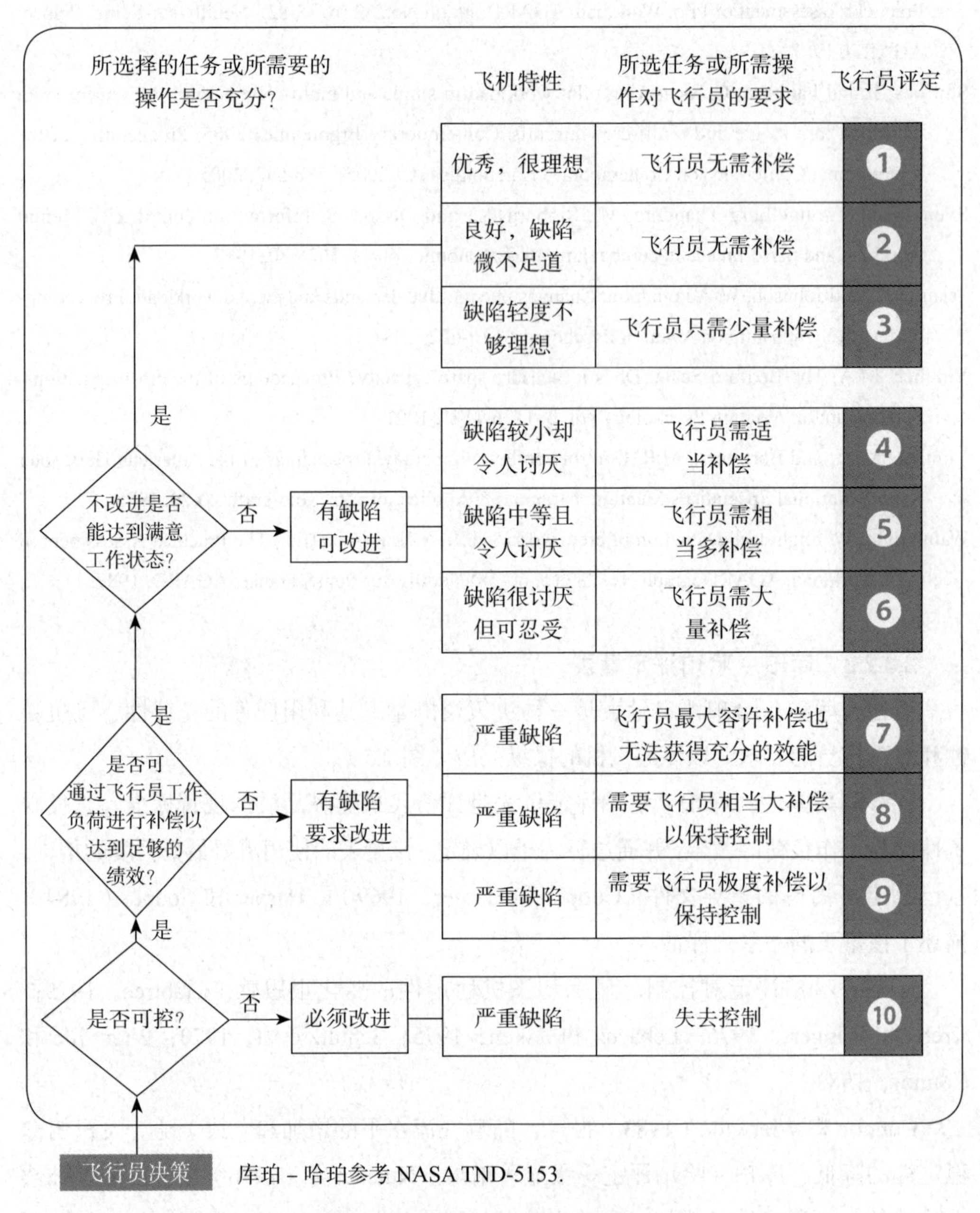

库珀 – 哈珀参考 NASA TND-5153.

图 2.5　库珀 – 哈珀评定量表

原书参考文献

Connor, S.A., and Wierwille, W.W. Comparative evaluation of twenty pilot workload assessment measures using a psychomotor task in a moving base aircraft simulator (Report 166457). Moffett Field, CA: NASA Ames Research Center, January 1983.

Cooper, G.E., and Harper, R.P. The use of pilot rating in the evaluation of aircraft handling qualities (AGARD Report 567). London: Technical Editing and Reproduction Ltd., April 1969.

Crabtree, Human Factors Evaluation of Several Control System Configurations, Including Workload Sharing with Force Wheel Steering during Approach and Flare (AFFDL-TR-75-43). Wright-Patterson Air Force Base, OH: Flight Dynamics Laboratory, April 1975.

Harper, R.P., and Cooper, G.E. Handling qualities and pilot evaluation. AIAA, AHS, ASEE, Aircraft Design Systems and Operations meeting. AIAA Paper 84-2442, 1984.

Krebs, M.J., and Wingert, J.W. Use of the Oculometer in Pilot Workload Measurement (NASA CR-144951). Washington, DC: National Aeronautics and Space Administration, February 1976.

Lebacqz, J.V., and Aiken, E.W. A flight investigation of control, display, and guidance requirements for decelerating descending VTOL instrument transitions using the X-22A variable stability aircraft (AK-5336-F-1). Buffalo, NY: Calspan Corporation, September 1975.

Ntuen, CA., Park, E., Strickland, D., and Watson, A.R. A frizzy model for workload assessment in complex task situations. IEEE 0-8186-7493: 101-107, 1996.

Schultz, W.C., Newell F.D., and Whitbeck, R.F. A study of relationships between aircraft system performance and pilot ratings. Proceedings of the 6th Annual NASA University Conference on Manual Control, 339-340, 1970.

Wierwille, W.W., and Connor, S.A. Evaluation of 20 workload measures using a psychomotor task in a moving-base aircraft simulator. Human Factors 25(1): 1-16.1983.

2.3.2.3 霍尼韦尔库珀 – 哈珀评定量表

概述：霍尼韦尔库珀 – 哈珀评定量表采用决策树结构对总体任务工作负荷进行评估（图 2.6）。

优势和局限性：霍尼韦尔库珀 – 哈珀评定量表由 Wolf（1978）开发，用于评估总体任务工作负荷。North 等（1979）使用该量表评估有关各种垂直起降（VTOL）飞机显示的工作负荷。对于所分析的少数情况，该量表评定与绩效密切相关。

数据要求：被试者必须回答与任务绩效相关的 3 个问题。评定是顺序评分，在后续分析中必须作为顺序量表进行处理。

阈值：最小值为 1，最大值为 9。

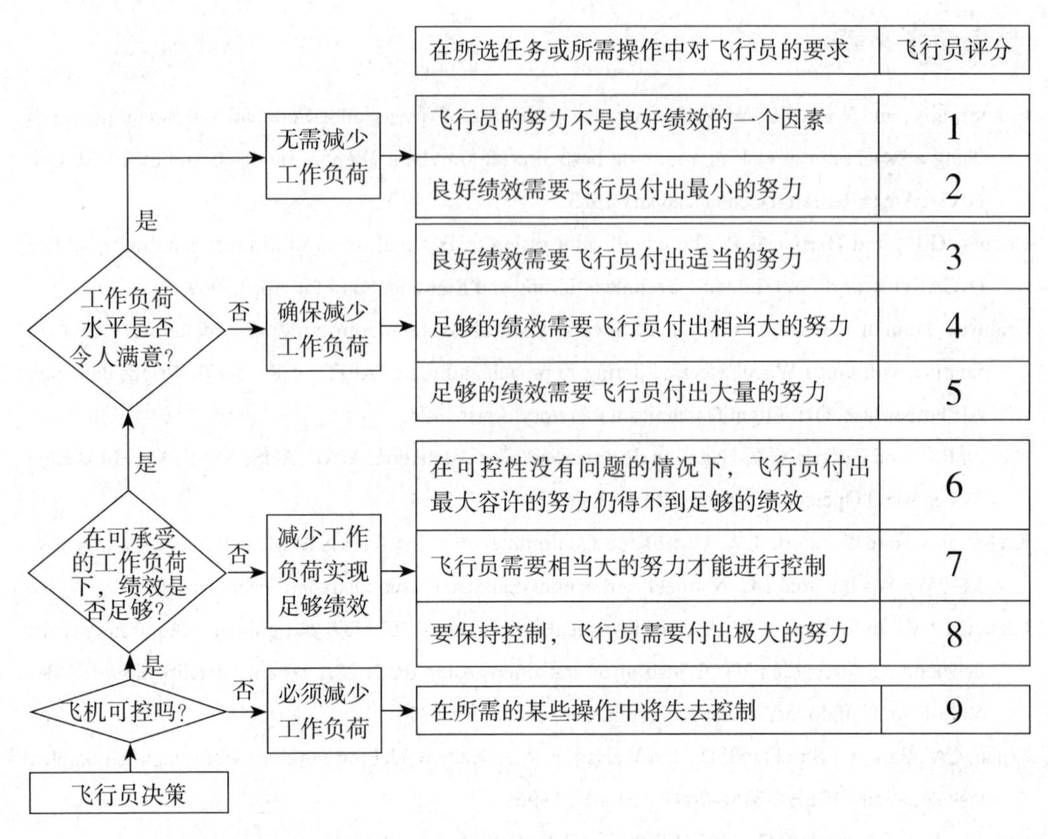

图 2.6　霍尼韦尔库珀 – 哈珀评定量表（来自 Lysaght et al，1989）

原书参考文献

Lysaght, R.J., Hill, S.G., Dick, A.O., Plamondon, B.D., Linton, P.M., Wierwille, W.W., Zaklad, AL., Bittner, AC., and Wherry, R.J. Operator workload: Comprehensive review and evaluation of operator workload methodologies (Technical Report 851). Alexandria, VA: Army Research Institute for the Behavioral and Social Sciences, June 1989.

North, R.A, Stackhouse, S.P., and Graffunder, K. Performance, physiological and oculometer evaluations of VTOL landing displays (NASA Contractor Report 3171). Hampton, VA: NASA Langley Research Center, 1979.

Wolf, J.D. Crew Workload Assessment: Development of a Measure of Operator Workload (AFFDL-TR-78-165). Wright-Patterson AFB, OH: Air Force Flight Dynamics Laboratory, 1978.

2.3.2.4　任务可操作性评估技术

概述：任务可操作性评估技术包括两个 4 点顺序评定量表，一个量表用于飞行员工作负荷评估，另一个量表用于技术有效性评估（表 2.19）。针对飞机任务分析的每个子系统，被试者既要对飞行员工作负荷进行评定，也要对技术有效性进行评定。

表 2.19 任务可操作性评估技术飞行员工作负荷与子系统技术有效性评定量表

飞行员工作负荷：
1. 完成指定任务需要飞行员的工作负荷（PW）/ 补偿（C）/ 干预（I）极大，这是 PW / C / I 维度上糟糕的评定
2. 完成指定任务需要飞行员工作负荷 / 补偿 / 干预高，这是 PW / C / I 维度上中等的评定
3. 完成指定任务需要飞行员工作负荷 / 补偿 / 干预适中，这是 PW / C / I 维度上良好的评定
4. 完成指定任务需要飞行员工作负荷 / 补偿 / 干预低，这是 PW / C / I 维度上优秀的评定
子系统技术有效性：
1. 子系统的技术有效性不足以完成指定任务。为满足任务要求，需要进行大量的重新设计。这在子系统技术有效性量表中，是一种很差的评定
2. 子系统的技术有效性足以完成指定任务。为满足任务要求，有必要进行一些重新设计。这在子系统技术有效性量表中，是一种中等的评定
3. 子系统的技术有效性提高了个体的任务绩效，无需重新设计即可达到任务要求，这在子系统技术有效性量表中，是一种良好的评定
4. 子系统的技术有效性允许多个任务集成，无需重新设计即可达到任务要求，这在子系统技术有效性量表中，是一种极好的评定（O'Donnell 和 Eggemeier，1986）

优势和局限性：评分者信度对于大多数任务（但不是所有任务）都很高（Donnell，1979；Donnell et al，1981；Donnell 和 O'Connor，1978）。

数据要求：联合测量技术应用于飞行员工作负荷与子系统技术有效性的单个量表评定，进而发展为系统功能的总体等距量表。

阈值：未说明。

原书参考文献

Donnell, M.L. An application of decision-analytic techniques to the test and evaluation of a major air system Phase III (TR-PR-79-6-91). McLean, VA: Decisions and Designs, May 1979.

Donnell, M.L., Adelman, L, and Patterson, Systems Operability Measurement Algorithm (SOMA): Application, Validation, and Extensions (TR-81-11 -156). McLean, VA: Decisions and Designs, April 1981.

Donnell, M.L., and O'Connor, M.F. The Application of Decision Analytic Techniques to the Test and Evaluation Phase of the Acquisition of a Major Air System Phase II (TR-78-3-25). McLean, VA: Decisions and Designs, April 1978.

O'Donnell, R.D., and Eggemeier, F.T. Workload assessment methodology. In KR. Boff, L. Kaufman, and Thomas (Eds.) Handbook of Perception and Human performance (p. 42-1-42-29). New York: John Wile 1986.

2.3.2.5 库珀－哈珀修订量表

概述：Wierwille 和 Casali（1983）指出，库珀－哈珀评定量表是体现操纵品质和工作负荷两方面的量表。他们发现，该量表对操作者的心理运动要求是敏感的，尤其是对飞机操纵品质。他们希望开发一个同样有用的量表，以估计与认知功能相关的工作负荷，例如“感知、监控、评价、沟通和问题解决”。库珀－哈珀评定量表的术语不适合该目的，于是便开发了库珀－哈珀修订量表（图 2.7），以“扩大量表在现代系统中的适用范围”。其修订包括：①将评定量表结束点更改为非常容易和不可能；②要求飞行员评定脑力负荷水平而不是评定可控性；③强调难度而不是强调缺陷。此外，Wierwille 和 Casali（1983）将脑力付出定义为“最小”，评为 1 分，而在原版库珀－哈珀评定量表中，脑力付出直到评为 3 分才被定义为最小。同时，足够的绩效在库珀－哈珀修订量表中从 3 分开始，但原版量表中则是从 5 分开始。

优势和局限性：学者们开展了相关研究以评估库珀－哈珀修订量表。他们专注于感知（如模拟飞行中飞机发动机仪表超限）、认知（如模拟飞行中的算术问题解决）、通信（如模拟飞行中对本机呼号的探测、理解与反应）和压力。量表具有很高的信度。

感知。Itoh 等（1990）采用库珀－哈珀修订量表，对波音 747-400 机电显示器和波音 767 集成 CRT 显示器的工作负荷进行了比较，发现工作负荷评定没有显著差异。在另一项飞机应用研究中，Jennings 等（2004）也报告，对于 11 名直升机飞行员的工作负荷，采用库珀－哈珀修订量表与战术态势感知系统进行工作负荷评定，二者没有差异。

通信。Casali 和 Wierwille（1983a，1983b）报告，随着通信负荷的增加，库珀－哈珀修订量表的评分也提高。Skipper 等（1986）报告，在高通信负荷与高航行负荷下，评分显著提高。Casto 和 Casali（2010）报告，随着能见度下降、机动次数增加和通信信息量增加，工作负荷评分显著提高。这些数据来源于陆军直升机飞行员在黑鹰模拟器上的测试。

压力。Casali 和 Wierwille（1984）报告，随着危险情况数量的增加，评分显著提高。Wolf（1978）报告，在最高工作负荷飞行条件下（即强阵风和操纵品质差），工作负荷评分最高。

信度。Bittner 等（1989）报告，在移动防空系统中，库珀－哈珀修订量表的信度在各任务段之间具有差异。Byers 等（1988）报告，在遥控飞行器系统中，库珀－哈珀修订量表的信度在机组占位之间有差异。这些结果表明，库珀－哈珀修定量表评分对于总体心理负荷是一个有效和可靠的指标。但其基本假设是，高工作负荷是需要更改控制 / 显示配置的唯一决定因素。尽管有这种假设，但它已在驾驶舱的评价和比较中得到广泛应用。

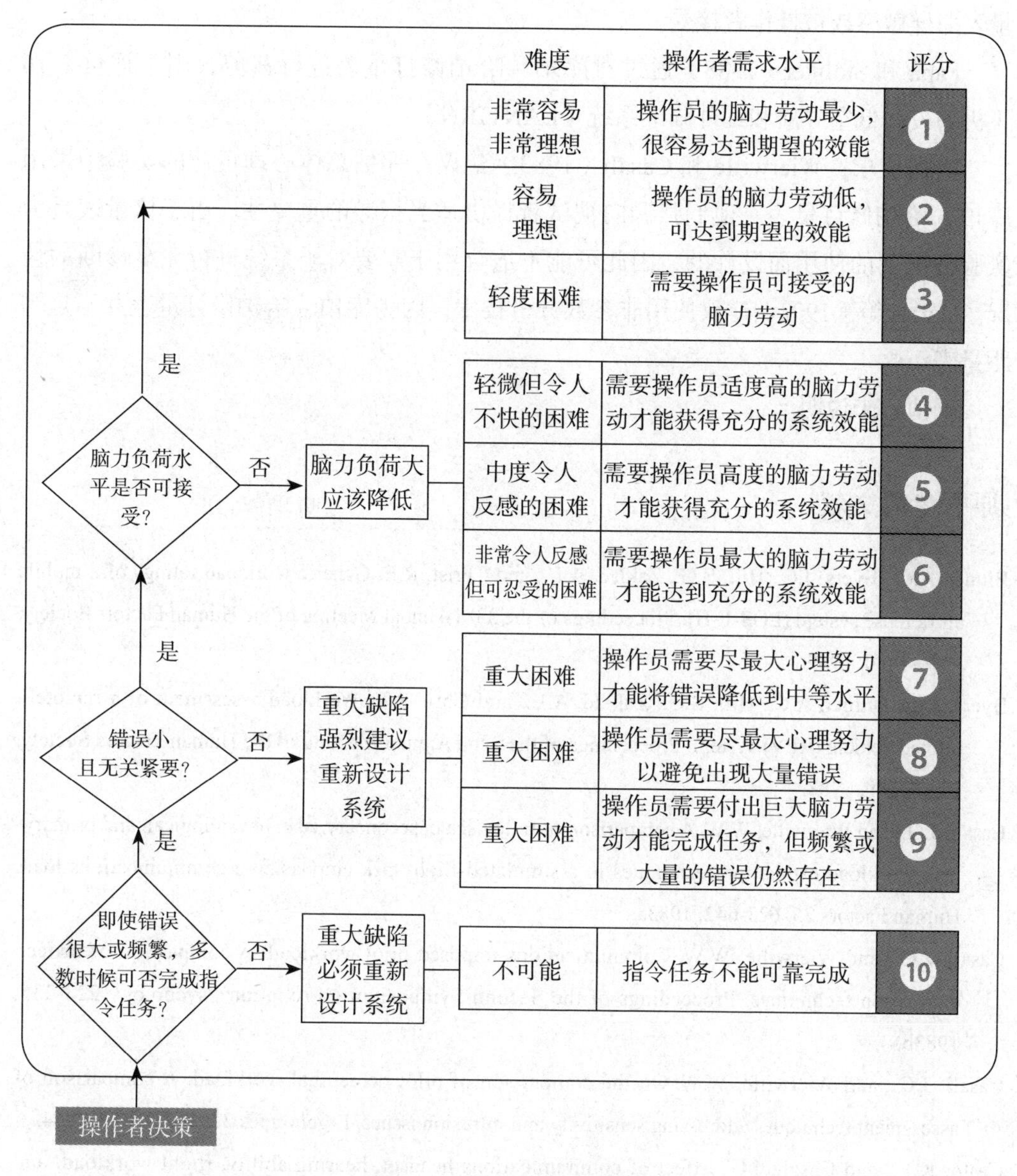

图 2.7　库珀 – 哈珀修订量表

Wierwille 等（1985a）得出结论，库珀 – 哈珀修订量表为一系列任务提供了一致和敏感的工作负荷评定。Wierwille 等（1985c）报告了库珀 – 哈珀修订量表相对于 5 种备选测试最佳的一致性和灵敏度。Warr 等（1986）报告，库珀 – 哈珀修订量表与工作负荷主观评估技术（SWAT）对任务难度具有同等的敏感性。但 Kilmer 等（1988）报告，库珀 – 哈珀修订量表对追踪任务的难度变化不如工作负荷主观评估技术（SWAT）

敏感。Hill 等（1992）报告，库珀 – 哈珀修订量表不如 NASA-TLX 或总体工作负荷量表那样敏感或被操作者接受。

Papa 和 Stoliker（1988）通过对库珀 – 哈珀修订量表进行裁剪，用于评价 F-16 飞机的夜间低空导航和红外瞄准系统（LANTIRN）。

数据要求：Wierwille 和 Casali（1983）建议在评估总体心理负荷的实验中采用库珀 – 哈珀修订量表。他们强调向被试者提供适当指导的重要性。由于该量表是为实验情况下的使用而设计的，因此可能不适合用于需要对子系统进行完全诊断的情况。Harris 等（1992）建议使用非参数分析技术，因为库珀 – 哈珀修订量表并不是等距量表。

阈值：未说明。

原书参考文献

Bittner, A.C., Byers, J.C., Hill, S.G., Zaklad, A.L., and Christ, R.E. Generic workload ratings of a mobile air defense system (LOS-F-H). Proceedings of the 33rd Annual Meeting of the Human Factors Society. 1476-1480, 1989.

Byers, J.C., Bittner, A.C., Hill, S.G., Zaklad, A.L., and Chris R.E. Workload assessment of a remotely piloted vehicle (RPV) system. Proceedings of the 32nd Annual Meeting of the Human Factors Society, 1145-1149, 1988.

Casali, J.G., and Wierwille, W.W. A comparison of rating scale, secondary task, physiological, and primary-task workload estimation techniques in a simulated flight task emphasizing communications load. Human Factors 25: 623-642, 1983a.

Casali, J.G., and Wierwille, W.W. Communications-imposed pilot workload: A comparison of sixteen estimation techniques. Proceedings of the Second Symposium on Aviation Psychology 223-235, 1983b.

Casali, J.G., and Wierwille, W.W. On the comparison of pilot perceptual workload: A comparison of assessment techniques addressing sensitivity and intrusion issues. Ergonomics 27: 1033-1050, 1984.

Casto, K.L., and Casali, J.G. Effect of communications headset, hearing ability, flight workload, and communications signal quality on pilot performance in an Army Black Hawk helicopter simulator. Proceedings of the Human Factors and Ergonomics Society 54th Annual Meeting, 80-84, 2010.

Harris, R.M., Hill, S.G., Lysaght, R.J., and Christ, R.E. Handbook for operating the OWLKNEST technology (ARI Research Note 92-49). Alexandria, VA: United States Army Research Institute for the Behavioral and Social Sciences, 1992.

Hill, S.G., Iavecchia, H.P., Byers, J.C., Bittner, AC., Zaklad, AL., and Christ, R.E. Comparison of four subjective workload rating scales. Human Factors 34: 429-439, 1992.

Itoh, Y., Hayashi, Y., Tsukui, I., and Saito, S. The ergonomics evaluation of eye movement and mental workload in aircraft pilots. Ergonomics 33(6): 719 733, 1990.

Jennings, S., Craig, G., Cheung, B., Rupert, A., and Schultz, K. Flight-test of a tactile situational awareness system in a land-based deck landing task. Proceedings of the Human Factors and Ergonomics Society 48th Annual Meeting, 142-146, 2004.

Kilmer, K.J., Knapp, R., Burdsal, C., Borresen, R., Bateman, R., and Malzahn, D. Techniques of subjective assessment: A comparison of the SWAT and Modified Cooper-Harper scale. Proceedings of the Human Factors Society 32nd Annual Meeting, 155-159, 1988.

Papa, R.M., and Stoliker, J.R. Pilot workload assessment: A flight test approach (88-2105). Fourth Flight Test Conference. Washington, DC: American Institute of Aeronautics and Astronautics, 1988.

Skipper, J.H., Rieger, C.A., and Wierwille, W.W. Evaluation of decision-tree rating scales for mental workload estimation. Ergonomics 29: 585-599, 1986.

Warr, D., Colle, H., and Reid, G. A comparative evaluation of two subjective workload measures: The subjective workload assessment technique and the Modified Cooper-Harper scale. Presented at the Symposium on Psychology in Department of Defense. Colorado Springs, CO: US Air Force Academy, 1986.

Wierwille, W.W., and Casali, J.G. A validated rating scale for global mental workload measurement applications. Proceedings of the 27th Annual Meeting of the Human Factors Society, 129-133, 1983.

Wierwille, W.W., Casali, J.G., Connor, S.A., and Rahimi, M. Evaluation of the sensitivity and intrusion of mental workload estimation techniques. In W.Romer (Ed.) Advances in Man-Machine Systems Research (vol. 2, p. 51-127). Greenwich, CT: J.A.I. Press, 1985a.

Wierwille, W.W., Rahimi, M., and Casali, J.G. Evaluation of 16 measures of mental workload using a simulated flight task emphasizing mediational activity. Human Factors 27(5): 489-502, 1985b.

Wierwille, W.W., Skipper J., and Reiger, C. Decision Tree Rating Scales for Workload Estimation: Theme and Variations (NSS-11544). Blacksburg, VA: Vehicle Simulation Laboratory, 1985c.

Wolf, J.D. Crew Workload Assessment: Development of a Measure of Operator Workload (AFFDL-TR-78-165). Wright-Patterson AFB, OH: Air Force Flight Dynamics Laboratory December 1978.

2.3.2.6 顺序判断量表

概述：Pitrella 和 Kappler（1988）开发了顺序判断量表以测量驾驶员对车辆操控的难度。它旨在满足的评定原则包括：①使用连续而不是分类量表格式；②在评定点上同时使用语言描述符和数字；③在所有重要评定标记点上使用描述符；④使用水平而不是垂直尺度格式；⑤在端点使用极值或不使用描述符；⑥使用简短、准确和未赋值的描述符；⑦选择和使用等距描述符；⑧使用心理量表的通用描述符；⑨仅使用正数；⑩具有向右增大的预期属性；⑪使用的描述符不带评价要求和倾向；⑫在可用描述符允许的情况下使用 11 点或更多评定点；⑬使用合适的辅助工具最大限度减少评分者的工作负荷（Pfendler et al，1994）。该量表具有等距量表的特点，具有德语、荷兰语、英语的 11 点版本和 15 点版本。15 点英语版本如图 2.8 所示。

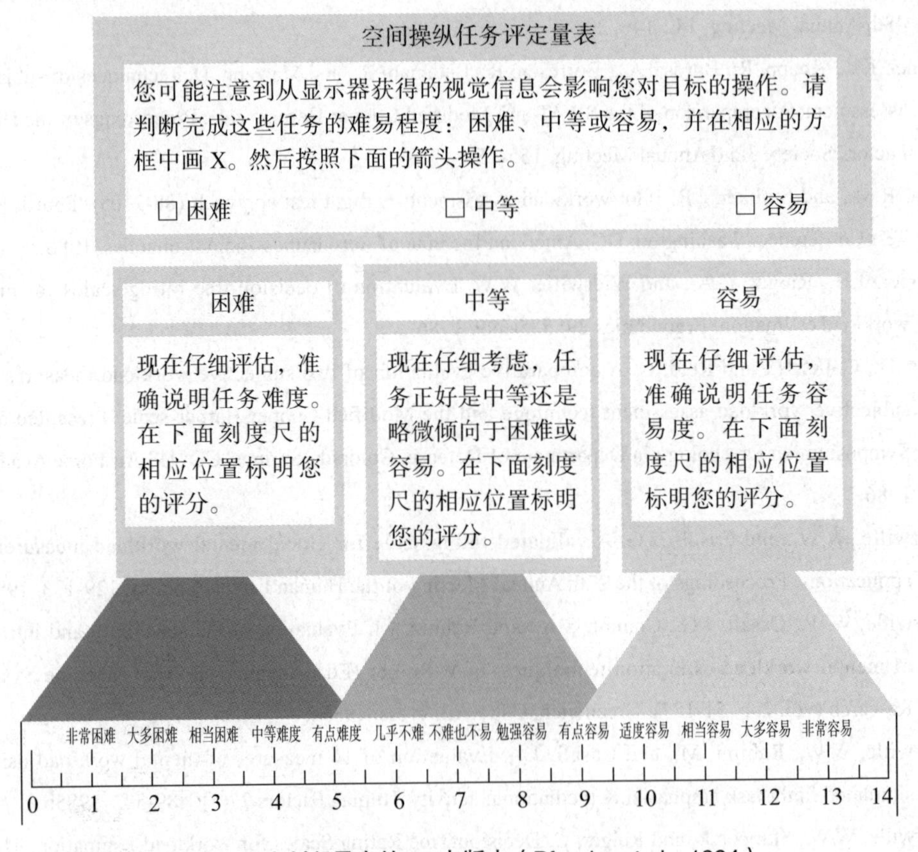

图 2.8　顺序判断量表的 15 点版本（Pfender et al，1994）

优势和局限性：Kappler 等（1988）报告，顺序判断量表对于有货与无货的货车，其评定值显著不同，货车的不同模式之间也有显著差异。Kappler 和 Godthelp（1989）报告，被试者在闭环直道上行驶，随着轮胎压力降低和车道宽度变窄，车辆操控的难度明显增加。

Pitrella（1988）报告，在一项追踪任务中，顺序判断量表显著区分了 10 个难度水平。对难度的控制主要通过强行改变振幅和频率来实现。Pfendler（1993）报告，在颜色探测任务中，顺序判断量表的效度估计值（0.72）高于德国版 NASA-TLX（0.708）。

其他一些研究也表明顺序判断量表的信度高（0.92～0.99，Kappler et al，1988；0.87～0.99，Pitrella，1988；0.87，Pfendler，1993）。由于该量表是等距量表，因此

对数据的分析可使用参数统计。

该量表有两个局限性：①如果仅测量总体工作负荷，则评定结果的诊断性较低；②该量表的效度信息受制于心理运动和知觉任务（Pfendler et al，1994）。

数据要求：被试者用钢笔或铅笔标记刻度。然后，实验者测量与刻度右端的距离。该测量值被转换为整个刻度的百分比。

阈值：0%～100%。

原书参考文献

Kappler, W.D., and Godthelp, H. Design and use of the two-level Sequential Judgment Rating Scale in the identification of vehicle handling criteria: I. Instrumented car experiments on straight lane driving (FAT Report Number 79). Wachtberg: Forschungsinstitut fur Anthropotechnik, 1989.

Kappler W.D Pitrella, F.D., and Godthelp, H. Psychometric and performance measurement of light weight truck handling qualities (FAT Report Number 77). Wachtberg: Forschungsinstitut fur Anthropotechnik, 1988.

Pfendler, C. Vergleich der Zwei-Ebenen Intensitats-Skala und des NASA Task Load Index bei de Beanspruchungsbewertung wahrend ternvorgangen. Z. Arb. Wise 47 (19 NF) 1993/1, 26-33.

Pfendler, C., Pitrella, F.D., and Wiegand, D. Workload measurement in human engineering test and evaluation. Forschungsinstitut fur Anthropotechnik. Bericht Number 109, July 1994.

Pitrella, F.D. A cognitive model of the internal rating process (FAT Report Number 82). Wachtberg: Forschungsinstitut fur Anthropotechnik, 1988.

Pitrella, F.D., and Kapple W.D. Identification and evaluation of scale design principles in the development of the sequential judgment, extended range scale (FAT Report Number 80). Wachtberg: Forschungsinstitut fur Anthropotechnik, 1988.

2.3.3 工作负荷主观测量的系列量表

工作负荷主观测量工具的最后一种样式是量表，每种量表都是为了测量工作负荷的不同方面而设计。如自动化影响脑力负荷的评估量表（AIM-s）（见 2.3.3.1）、区分疲劳和工作负荷的机组状态调查表（见 2.3.3.2）、芬戈尔德工作负荷评定量表（见 2.3.3.3）、飞行工作负荷问卷（见 2.3.3.4）、哈特和豪瑟评定量表（见 2.3.3.5）、人机交互工作负荷测量工具（见 2.3.3.6）、多维描述量表（见 2.3.3.7）、多维评定量表（见 2.3.3.8）、多资源问卷（见 2.3.3.9）、美国航空航天局双相评定量表（见 2.3.3.10）、美国航空航天局任务负荷指数（见 2.3.3.11）、心境状态量表（见 2.3.3.12）、工作负荷主观评估技术（见 2.3.3.13）、团队工作负荷问卷（见 2.3.3.14）、工作负荷 / 补偿

/ 干扰 / 技术效率（见 2.3.3.15）。

2.3.3.1 自动化影响脑力负荷的评估量表

概述：自动化影响脑力负荷的评估量表（AIM-s）用于测量空中交通管制员的工作负荷。有两个版本：一个是简短版（AIM-s），其中包含一个问题——“以下是一个任务列表，请对其工作负荷程度进行 0 ~ 6 的等级评分”。然后是任务列表，每项任务的评分均为 0 ~ 6（表 2.20）；另一个是较长的版本（AIM-l），包含 32 个问题，4 个为一组归属于 8 个方面：①建立和保持态势感知；②监测信息源；③记忆管理；④管理管制员的工作职责；⑤诊断和问题检测；⑥决策和问题解决；⑦资源管理和多任务处理；⑧团队意识。

表 2.20 自动化影响脑力负荷的评估量表（AIM-s）

任务名称	无	非常小	小	有一些	较大	非常大	极大
1.…优先任务？	0	1	2	3	4	5	6
2.…识别潜在冲突？	0	1	2	3	4	5	6
3.…扫视雷达或其他显示器？	0	1	2	3	4	5	6
4.…根据交通状况和约束条件评估冲突解决方案？	0	1	2	3	4	5	6
5.…预测未来的交通状况？	0	1	2	3	4	5	6
6.…识别可用数据和交通状况的不匹配？	0	1	2	3	4	5	6
7.…及时发布指令？	0	1	2	3	4	5	6
8.…评估计划的结果？	0	1	2	3	4	5	6
9.…管理飞行数据信息？	0	1	2	3	4	5	6
10.…和团队成员分享信息？	0	1	2	3	4	5	6
11.…回忆必要信息？	0	1	2	3	4	5	6
12.…预测团队成员的需求？	0	1	2	3	4	5	6
13.…优先处理请求？	0	1	2	3	4	5	6
14.…扫视飞行进度数据？	0	1	2	3	4	5	6
15.…获取相关的飞行器和飞行数据？	0	1	2	3	4	5	6
16.…收集和解释信息？	0	1	2	3	4	5	6

注：详见网址 http://www.eurocontrol.int/humanfactors/public/standard_page/SHAPE_Questionnaires.html.

优势和局限性：Dehn（2008）描述了 AIM 开发过程中采取的步骤：①文献综述，以获得初始条目；②基于需求的校阅，以便于管理、易于理解、统一格式和提供计分键；③收集专家反馈；④初步实证研究。被试者为 24 名在职空中交通管制员。如果条目降低了问卷的内部一致性，则被认为是多余的而被剔除。

欧洲航空安全组织建议使用 AIM-s 进行筛选，以对两个或多个系统做出比较。他们进一步建议每天至少完成两次 AIM-s 评定。最后，他们提示，该问卷目前还缺乏大量的常模数据，也未完成正式的效度检验。

数据要求：对于 AIM-s，被试者使用上述的等级评定量表以表明工作负荷。对于 AIM-I，被试者需要回答 32 个问题。AIM 两个版本的评分表可从 SHAPE 问卷库中获取。

阈值：0% ~ 100%。

原书参考文献

Dehn, D.M. Assessing the impact of automation on the Air Traffic Controller: The SHAPE questionnaires. Air Traffic Control Quarterly 16(2): 127-146, 2008.

2.3.3.2　机组状态调查表

概述：机组状态调查表最原始版本由 Pearson 和 Byars（1956）开发，包含 20 个描述疲劳状态的条目。美国空军航空航天医学院机组人员绩效处的工作人员 Storm 和 Parke 对原始量表进行了修订。他们通过向机组人员反复展示调查量表的草稿，选定用于调查疲劳程度的表述。该量表的疲劳分量表结构有些复杂，因为工作量、时间需求、系统需求、系统管理、危险性和可接受性等维度被整合在一个量表上。尽管如此，疲劳分量表的描述又十分简单，便于机组人员接受理解。疲劳分量表被精简为 7 个条目，随后检验其对疲劳的敏感性以及重测信度（Miller 和 Narvaez，1986）。最后，增加了一个 7 点计分的工作负荷分量表。目前的机组状态调查表（表 2.21）提供疲劳和工作负荷的自陈式报告以及备注。Ames 和 George（1993）修改了工作负荷分量表以提高其信度，其量表如下：

（1）无活动；无系统需求。

（2）轻微活动；最低需求。

（3）中等活动；易于管理；大量的空闲时间。

（4）忙碌；具有挑战性但可管理；充足的可用时间。

（5）非常忙；需要进行管理；时间不够用。

（6）极度忙碌；非常困难；需推迟非必要任务。

（7）超负荷；系统不可管理；重要任务未完成；不安全。

优势和局限性：研究表明，这些量表对任务需求、疲劳以及绩效类型的变化具有敏感性（Ellis et al，2011），但这些因素彼此独立（Courtright et al，1986）。Storm 和 Parke（1987）使用机组状态调查表评估替马西泮对 FB-111A 机组成员的影响，该药物的效应并不显著，但任务进程对疲劳的影响效应显著。尤其是，任务结束阶段的疲劳评分比任务开始阶段高。Gawron 等（1988）在每次飞行中开展 4 次机组人员状态调查，他们发现疲劳和工作负荷有明显的分离变化特点。疲劳评分在飞行过程中增加（飞行前 =1.14，空投前 =1.47，空投后 =1.43，飞行后 =1.56）。工作负荷评分在空投前后阶段最高（飞行前 =1.05，空投前 =2.86，空投后 =2.52，飞行后 =1.11）。

表 2.21　机组状态调查表

姓名：	日期和时间：
主观疲劳 （请选择符合您当前感受的描述，圈选出对应的数字）	
1	完全警觉，清醒；精力充沛
2	非常活跃；反应较敏捷
3	还行；还算清醒
4	有点累；稍有些不清醒
5	中度疲劳；沮丧
6	极度疲劳；很难集中注意力
7	完全耗竭，不能有效运作；累垮了
评述：	
工作负荷估计 （请选择与您在过去一段时间内经历的最大工作负荷相一致的描述，在对应的数字上画圈；请选择与您在过去一段时间内经历的平均工作负荷相一致的描述，在对应的数字上打叉）	
1	无活动；无系统需求
2	做一点事；最低系统需求
3	需要积极参与，但很容易跟上
4	具有挑战性，但可管理
5	极度忙碌，几乎跟不上
6	太多需要做的事；负荷过大；需要推迟一些任务
7	无法管理；有潜在风险；难以忍受
评述：	

George 等（1991）收集战斗塔龙二号机组人员在北极部署期间的工作负荷评分。任何一项评分的中位数均未超过 4 分。然而，在空投和仪表自主式进场期间，领航员的工作负荷评分超过 5 分。这些研究者还在战斗塔龙二号机组开展地形跟随训练飞行中使用了机组状态调查表，主、副驾驶员的工作负荷评分的中位数均为 7 分。这些评分被用于鉴别重要机组占位的缺陷。

然而，George 和 Hollis（1991）报告，在机组状态调查表的高工作负荷端，存在相邻类别之间的混淆。他们还发现评分具有等级变量的特性，但在大多数优次表中，其方差很大。在最近的一项研究中，Thomas（2011）使用修订的机组状态调查表评估商用飞机驾驶舱的自动化程度（表 2.22）。她发现驾驶舱自动化水平的提高显著降低了飞行员的工作负荷，但她也指出实际差异很小（2 分与 3 分）。

表 2.22 机组状态调查表修订版（Thomas，2011）

评分	含义
1	无活动；无系统需求
2	做一点事；最低系统需求
3	中等活动；易于管理；大量的空闲时间
4	忙碌；具有挑战性但可管理；充足的可用时间
5	非常忙；需要进行管理；时间不够用
6	极度忙碌；非常困难；需推迟非必要任务
7	超负荷；系统不可管理；重要任务未完成；不安全

数据要求：由于机组状态调查表打印在卡片上，因此被试者发现在高工作负荷阶段很难填写评分表。此外，飞行后对已经完成评分的卡片进行排序（如按完成的时间排序）既困难，又不可避免会出错。空军飞行测试中心将调查表加大了字号，然后放进了飞行卡中。在两种情况下，通过实验者提问，由被试者进行口头评分，其效果也很好：①被试者可以快速扫视评分量表的卡片副本以确认评分的含义；②被试者完成其他言语任务不存在冲突。每个量表可独立使用。

阈值：主观疲劳和工作负荷评分均为 1 ~ 7。

原书参考文献

Ames, L.L., and George, E.J. Revision and Verification of a Seven-Point Workload Estimate Scale (AFFTC-TIM-93-01). Edwards Air Force Base, CA: Air Force Flight Test Center, 1993.

Courtright, J.F, Frankenfeld, C.A., and Rokicki, S.M. The independence of ratings of workload and fatigue. Paper presented at the Human Factors Society 30th Annual Meeting, 1986.

Ellis, K.K.E., Kramer, L.J., Shelton, K.J., Arthur, J.J., and Prinzel, L.J. Transition of attention in terminal area NextGen operations using synthetic vision systems. Proceedings of the Human Factors and Ergonomics Society 55th Annual Meeting, 46-50, 2011.

Gawron, V.J., Schiflett, S.G., Miller, J., Ball, J., Slater, T., Parker, F., Lloyd, M., Travale, D., and Spicuzza, R.J. The Effect of Pyridostigmine Bromide on In-Flight Aircrew Performance (USAFSAM-TR-87-24). Brooks Air Force Base, TX: School of Aerospace Medicine, January 1988.

George, E., and Hollis, S. Scale Validation in Flight Test. Edwards Air Force Base, CA: Flight Test Center, December 1991.

George, E.J., Nordeen, M., and Thurmond, D. Combat Talon II Human Factors Assessment (AFFTC TR 90-36). Edwards Air Force Base, CA: Flight Test Center, November 1991.

Miller, J.C., and Narvaez, A. A comparison of two subjective fatigue checklists. Proceedings of the 10th Psychology in the DoD Symposium, 514-518, 1986.

Pearson, RG. and Byars, G.E. The Development and Validation of a Checklist for Measuring Subjective Fatigue (TR-56-115). Brooks Air Force Base, TX: School of Aerospace Medicine, 1956.

Storm, W.F., and Parke, R.C. FB-lllA aircrew use of temazepam during surge operations. Proceedings of the NATO Advisory Group for Aerospace Research and Development (AGARD) Biochemical Enhancement of Performance Conference (Paper number 415). Neuilly-sur-Seine, France: AGARD, 12-1-12-12, 1987.

Thomas, L.C. Pilot workload under non-normal event resolution: Assessment of levels of automation and a voice interface. Proceedings of the Human Factors and Ergonomics Society 55th Annual Meeting, 11-15, 2011.

2.3.3.3 芬戈尔德工作负荷评定量表

概述：芬戈尔德工作负荷评定量表有 5 个分量表（图 2.9）。它是为评估 AC-130H 空中炮艇上每名机组成员的工作负荷而开发的。

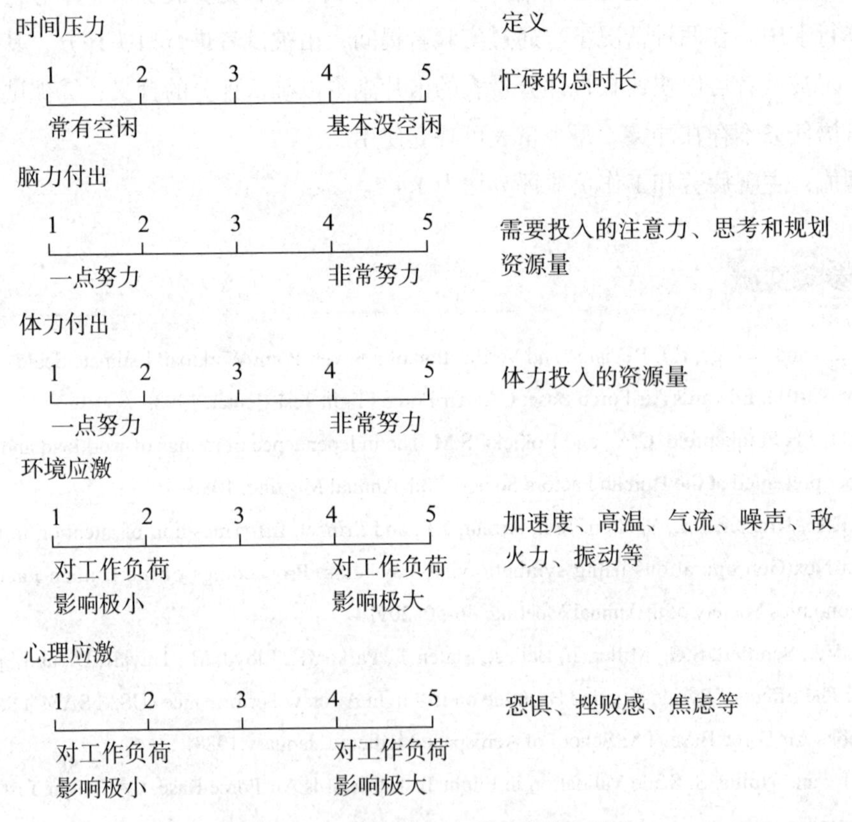

图 2.9 芬戈尔德工作负荷评定量表格式

优势和局限性：Finegold 等（1986）报告，与交战或威胁阶段相比，巡航阶段的工作负荷较低。对分量表的分析表明，时间压力分量表上各机组成员的评分不同。Lozano（1989）在 AC-130 H 空中炮艇机组成员中采用 Finegold 等（1986）的量表进行了同样的测评，也发现分量表的评分因机组人员的占位而不同。George（1994）在AC-130U 空中炮艇机组成员中重复了上述研究。

数据要求：需要计算出个体在分量表中的平均分与整个工作负荷评定量表得分。

阈值：1 表示低工作负荷，5 表示高工作负荷。

原书参考文献

Finegold, L.S., Lawless, M.T., Simons, J.L., Dunleavy A.O., and Johnson, J. Estimating crew performance in advanced systems. Volume II: Application to future gunships. Appendix B: Results of data analysis for AC-130H and hypothetical AC-130H(RP). Edwards Air Force Base, CA: Air Force Flight Test Center, October 1986.

George, E.J. AC-130U gunship workload evaluation (C4654-3-501). Edwards AFB, CA: Air Force Flight Test Center, April 1994. Lozano, M.L. Human Engineering Test Report for the AC-130U Gunship (NA-88-1805). Los Angeles, CA: Rockwell International, January 1989.

2.3.3.4 飞行工作负荷问卷

概述：飞行工作负荷问卷是一个行为锚定等级评定量表，包含 4 个条目。量表中的条目名称和评分范围是：工作负荷类别（低 ~ 很高）、忙碌时间比例（很少有很多事情要做 ~ 时间总是被完全占据）、思考的难度（基本不用思考 ~ 大量思考）与感觉如何（放松 ~ 压力很大）。

优势和局限性：问卷对经验和能力的差异具有敏感性。例如，Stein（1984）发现，经验丰富的飞行员和新手飞行员在飞行工作负荷评分上存在显著差异。具体而言，经验丰富的飞行员在航空运输飞行中的工作负荷评分低于新手飞行员。但 Stein（1984）也发现，4 个问卷条目的评分值存在很大的冗余。这表明问卷调查可能会引起反应偏差。问卷提供了总体工作负荷的测量值，但无法区分飞行阶段和（或）事件。

数据要求：未说明。

阈值：未说明。

原书参考文献

Stein, E.S. The Measurement of Pilot Performance: A Master-Journeyman Approach (DOT/FAA/CT-83/15). Atlantic City, NJ: Federal Aviation Administration Technical Center, May 1984.

2.3.3.5 哈特和豪瑟评定量表

概述：Hart 和 Hauser（1987）使用 6 项评分量表（图 2.10）测量 9 小时飞行过程中的工作负荷。被试者需要标记出代表他们体验的量表位置。

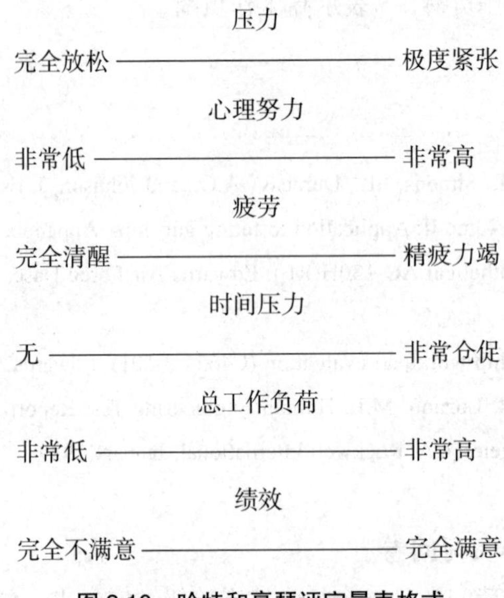

图 2.10 哈特和豪瑟评定量表格式

优势和局限性：该量表在飞行中使用。在最初的研究中，Hart 和 Hauser（1987）要求被试者在 7 个飞行阶段的每一个阶段结束时完成问卷调查。他们报告，在 7 小时的飞行中，有显著的阶段效应。具体而言，在数据记录段，压力、心理努力和时间压力最低。数据记录段开始后，疲劳评分急剧增加。总的来说，飞行指挥官的工作负荷高于副驾驶员。最后，在整个飞行过程中，绩效得到了同样的评定。

数据要求：该量表使用简单，但需要一个硬质的书写平面，环境中的气流干扰要尽量小。

阈值：未说明。

原书参考文献

Hart, S.G., and Hauser, J.R. Inflight application of three pilot workload measurement techniques. Aviation, Space, and Environmental Medicine 58: 402-410, 1987.

2.3.3.6 人机交互工作负荷测量工具

概述：人机交互工作负荷测量工具（HRI-WM）由 Yagoda 等人于 2010 年开发，要求被试者对布局、任务、内容、团队流程和系统方面的工作负荷从最低 ~ 最高进行评定，对总体工作负荷从最小（1 分）~最大（5 分）进行评定，被试者还可以对自己的评分加以备注说明。

优势和局限性：Yagoda（2010）报告，HRI-WM 的开发过程包括了两个阶段，其中，在被试者的反馈和可用性测试基础上，对 HRI-WM 计算机化版本的界面进行了优化。被试者群体由 10 名研究生和本科生组成，他们使用 HRI-WM 对搜救任务的工作负荷进行评分。

数据要求：必须向被试者提供 6 个评分量表，其中的被试者自愿接受评定。

原书参考文献

Yagoda, R.E. Development of the Human Robot Interaction Workload Measurement Tool (HRI-WM). Proceedings of the Human Factors and Ergonomics Society 54th Annual Meeting, 304-308, 2010.

2.3.3.7 多维描述量表

概述：多维描述量表（MD）由 6 个条目组成：①注意力需求；②差错水平；③难度；④任务复杂性；⑤脑力负荷；⑥压力水平。每个条目在任务完成后进行评分。MD 得分是 6 个条目得分的平均值。

优势和局限性：Wierville 等（1985）报告，MD 分数对模拟飞行任务中进行的数学计算的难度变化不敏感。

数据要求：必须在飞行后向被试者提供 6 个评分表，并计算出得分的平均值。

原书参考文献

Wierwille, W.W., Rahimi, M., and Casali, J.G. Evaluation of 16 measures of mental workload using a simulated flight task emphasizing meditational activity. Human Factors 27(5): 489-502, 1985.

2.3.3.8 多维评定量表

概述：多维评定量表由 8 个双相分量表组成（表 2.23）。被试者通过在量表上画一条水平线表示他们的评分。

优势和局限性：Damas（1985）报告了几个分量表之间的高相关（0.82），以及总工作负荷与单任务条件下的任务难度之间的高相关（0.73）。时间压力和总工作负荷分量表得分与节奏化任务的条件存在交互作用。心理努力分量表的得分与任务中行为模式存在显著交互作用。

数据要求：每个量表中的垂直线长度必须为 100 毫米。评分者必须量出从量表底部到被试者水平线的距离，以确定评分。

阈值：0 ~ 100。

表 2.23 多维评定量表

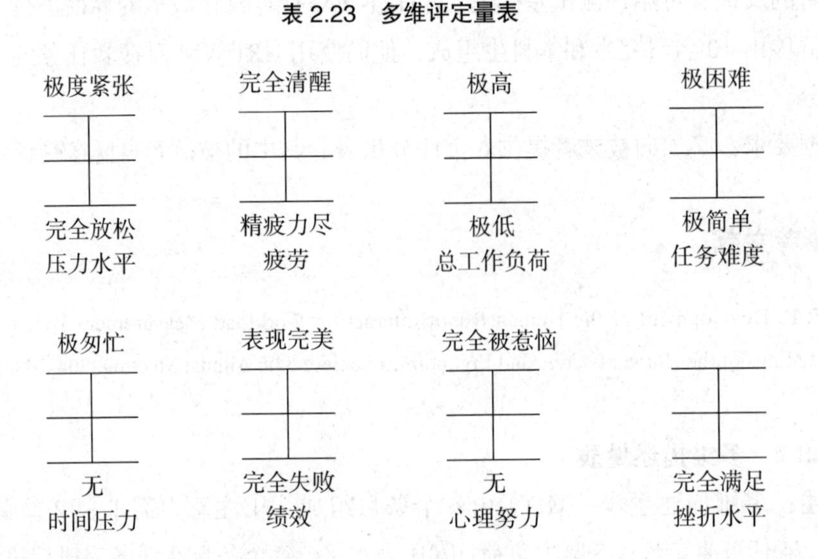

原书参考文献

Damos, D. The relation between the Type A behavior pattern, pacing, and subjective workload under single- and dual-task conditions. Human Factors 27(6): 675-680, 1985.

2.3.3.9 多资源问卷

概述：多资源问卷（MRQ）采用等级评定计分（0= 无使用，1= 轻度使用，2= 中度使用，3= 重度使用，4= 极端使用），用于评估工作负荷的 17 个维度（表 2.24）。

优势和局限性：Boles 和 Adair（2001）报告了本科生对 7 个计算机游戏的评分者一致性系数，分数范围介于 r=0.67 ~ 0.83 之间。在第二项研究中，仅使用两个电脑游戏进行评分，评分者之间的一致性系数在 r=0.57 ~ 0.65 之间。Klein 等（2009）使用 MRQ 和 NASA-TLX 评估手术机器人二维和三维视野对工作负荷的影响，研究者得出结论，“MRQ 数据提供了诊断信息，说明哪些信息处理库在二维和三维观看条件下受到了压力”。Sellers 等（2012）使用 MRQ 评估了无人地面车辆三级自主控制水平（规则管理、例外管理和完全自主）下的工作负荷。发现前两级自主水平下的工作负荷显著高于第三级。

数据要求：17 个维度中每个维度的评分均独立使用，无需转换。

阈值：每个维度的评分均在 0 ~ 4 之间变化。

表 2.24 多资源问卷

编号	维度
1	听觉情绪加工
2	听觉语义加工
3	面部轮廓加工
4	面部运动加工
5	手动加工
6	短时记忆加工
7	空间注意加工
8	空间分类加工
9	空间聚焦加工
10	空间突发加工
11	空间定位加工
12	空间定量加工
13	触觉轮廓加工
14	视觉词汇加工
15	视觉语音加工
16	视觉时间加工
17	有声加工

原书参考文献

Boles, D.B., and Adair, L.P. The Multiple Resources Questionnaire (MRQ). Proceedings of the Human Factors and Ergonomics Society 45th Annual Meeting, 1790-1794, 2001.

Klein, M.I., Lio, C.H., Grant, R., Carswell, C.M., and Strup, S. A mental workload study on the 2d and 3d viewing conditions of the da Vinci Surgical Robot. Proceedings of the Human Factors and Ergonomics Society 53rd Annual Meeting, 1186-1190, 2009.

Sellers, B.C., Fincannon, T., and Jentsch, F. The effects of autonomy and cognitive abilities on workload and supervisory control of unmanned systems. Proceedings of the Human Factors and Ergonomics Society 56th Annual Meeting, 1039-1043, 2012.

2.3.3.10 美国航空航天局双极评定量表

概述：美国航空航天局（NASA）双极评定量表有 10 个维度。每个维度的名称、端点和描述如表 2.25 所示，评定量表如图 2.11 所示。如果一个维度与任务无关，那么它的权重赋值为零（Hart et al，1984）。加权程序用于将内部一致性系数提高 50%

（Miller 和 Hart，1984）。

优势和局限性：该量表已用于飞机模拟器和实验室。

表 2.25 NASA 双极评定量表

名称	端点	描述
总体工作负荷	低、高	考虑到任务所需所有资源和包含成分，与任务相关的总工作负荷
任务难度	低、高	无论任务是容易还是困难、简单还是复杂、严格还是宽容
时间压力	无，匆忙	由于任务元素发生时而产生的压力。任务是缓慢而从容，还是快速而迫切的
绩效	完美，失败	你认为你在我们要求你做的事情上有多成功，你对自己的成就有多满意
心理努力	无，不可能完成	所需的心理和（或）感知活动量（如思考、决定、计算、记忆、观察、搜索等）
体力劳动	无，不可能完成	所需的体力活动量（如推、拉、转、控制、激活等）
挫折水平	感到满足，愤怒	与你感到的安全、满足相比，你是多么的不安全、气馁、愤怒和烦恼
压力程度	放松，紧张	你感到多么焦虑、担忧、紧张和烦恼，或者平静、安宁、平和与放松
疲劳	精疲力竭，警觉	你感到多么疲惫，或者多么新鲜、精力充沛
活动类型	基于技能、基于规则、基于知识	任务需要对习得的程序做出无意识的反应，或需要应用已知规则，或需要问题解决和决策的程度

注：资料来源：Lysaght 等（1989）。

飞机模拟器。该量表对飞行难度具有敏感性。Bortolussi 等（1986）报告，在容易和困难的飞行场景中，两极评分存在显著差异。Bortolussi 等（1987）和 Kantowitz 等（1984）报告了类似的结果。Bortolussi 等（1986）和 Bortolussy 等（1987）报告，在动基模拟器任务中，双极量表可区分两个难度级别。Vidulich 和 Bortolussi（1988）报告，在模拟直升机飞行中，从巡航到作战阶段的总体工作负荷显著增加。控制布局对工作负荷没有影响。

然而，Haworth 等（1986）报告，尽管在单个飞行员布局中，工作负荷评分可以区分控制布局，但在飞行员 / 副驾驶员混合布局中却并非如此。他们还报告了在直升机“地球小憩”任务中，该量表得分和库珀－哈珀评定量表得分呈正相关（r=0.79），与 SWAT 得分也呈正相关（r=0.67）。

实验室。Biferno（1985）在一项实验室研究中报告了工作负荷与疲劳评分之间的相关性。Vidulich 和 Pandit（1986）报告，不同训练水平的被试者在类别搜索任务中，其双极评定量表得分不同。Vidulich 和 Tsang（1985a，1985b，1985c，1986）报

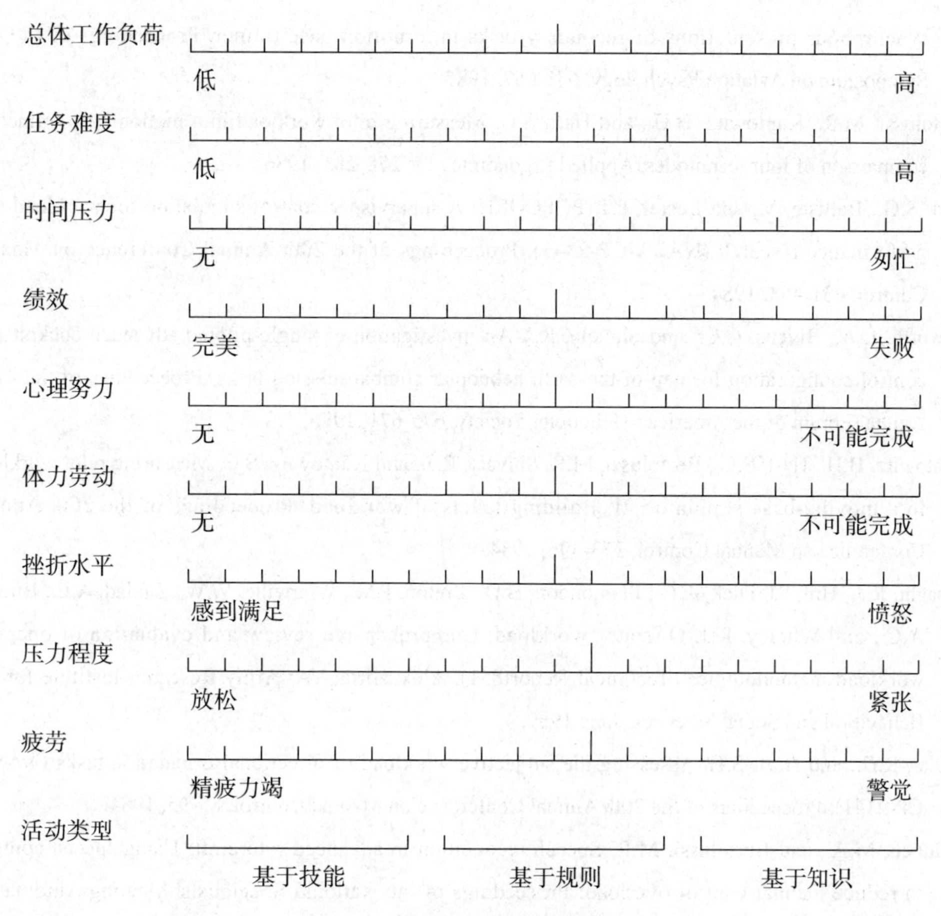

图 2.11 NASA 双极评定量表格式

告 NASA 双极评定量表得分对任务需求具有敏感性，比 SWAT 的评分者一致性系数更大，完成所需时间比 SWAT 更少。

数据要求：被试者选择每个维度的次数被用于对各个维度进行加权。然后将这些权重乘以量表得分、求和、再除以总权重，得到工作负荷分数。工作负荷得分最小值为 0，最大值为 100。该量表提供了总工作负荷的测量值，但对短期工作负荷不敏感。此外，在飞行前必须对活动类型维度进行详细解释，便于飞行中使用。

阈值：未说明。

原书参考文献

Biferno, M.H. Mental Workload Measurement: Event-Related Potentials and Ratings of Workload and Fatigue (NASA CR-177354). Washington, DC: NASA, 1985.

Bortolussi, M.R., Hart, S.G., and Shively, R.J. Measuring moment-to-moment pilot workload using synchronous presentations of secondary tasks in a motion base trainer. Proceedings of the 4th Symposium on Aviation Psychology, 651-657, 1987

Bortolussi, M.R., Kantowitz, B.H., and Hart, S.G. Measuring pilot workload in a motion base trainer: A comparison of four techniques. Applied Ergonomics 17: 278-283, 1986.

Hart, S.G., Battiste, V., and Lester, P.T. POPCORN: A supervisory control simulation for workload and performance research (NASA-CP-2341). Proceedings of the 20th Annual Conference on Manual Control, 431-453, 1984.

Haworth, L.A., Bivens, C.C., and Shively, R.J. An investigation of single-piloted advanced cockpit and control configuration for nap-of-the-earth helicopter combat mission tasks. Proceedings of the 42nd Annual Forum of the American Helicopter Society, 675-671, 1986.

Kantowitz, B.H., Hart, S.G., Bortolussi, M.R, Shively, R.J., and Kantowitz, S.C. Measuring pilot workload in a moving-base simulator: II. Building levels of workload. Proceedings of the 20th Annual Conference on Manual Control, 373-396, 1984.

Lysaght, R.J., Hill, SJ, Dick, A.O., Plamondon, B.D., Linton, P.M., Wierwille, W.W., Zaklad, A.L., Bittner, A.C., and Wherry, R.J. Operator workload: Comprehensive review and evaluation of operator workload methodologies (Technical Report851). Alexandria, VA: Army Research Institute for the Behavioral and Social Sciences, June 1989.

Miller, R.C., and Hart, S.G. Assessing the subjective workload of directional orientation tasks (NASA-CP-2341). Proceedings of the 20th Annual Conference on Manual Control, 85-95, 1984.

Vidulich, M.A., and Bortolussi, M.R. Speech recognition in advanced rotorcraft: Using speech controls to reduce manual control overload. Proceedings of the National Specialists' Meeting Automation Applications for Rotorcraft, 20-29, 1988.

Vidulich, M.A., and Pandit, P. Training and subjective workload in a category search task. Proceedings of the Human Factors Society 30th Annual Meeting, 1133-1136, 1986.

Vidulich, M.A., and Tsang, P.S. Assessing subjective workload assessment: A comparison of SWAT and the NASA-Bipolar methods. Proceedings of the Human Factors Society 29th Annual Meeting, 71-75, 1985a.

Vidulich, M.A., and Tsang, P.S. Techniques of subjective workload assessment: A comparison of two methodologies. Proceedings of the Third Symposium on Aviation Psychology, 239-246, 1985b.

Vidulich, M.A., and Tsang, PS. Evaluation of two cognitive abilities tests in a dual-task environment. Proceedings of the 21st Annual Conference on Manual Control, 12.l-12.10, 1985c.

Vidulich, M.A., and Tsang, P.S. Techniques of subjective workload assessment: A comparison of SWAT and NASA-Bipolar methods. Ergonomics 29(11): 1385-1398, 1986.

2.3.3.11 美国航空航天局任务负荷指数

概述：美国航空航天局任务负荷指数（NASA-TLX）是一种多维度的工作负荷主

观评定技术（图 2.12）。在 NASA-TLX 中，工作负荷被定义为操作者为实现特定水平的绩效而产生的成本。工作负荷的主观体验被定义为包含了加权的主观反应（情绪、认知与体力）和加权的行为评估结果。行为和主观反应反过来又是由对任务需求的感知所驱动。任务需求可以从数量和重要性的角度进行客观量化。基于实验的排除过程识别出了工作负荷主观体验的 6 个维度：心理需求、体力需求、时间需求、感知绩效、努力和挫折程度。表 2.26 列出了评定量表的描述。

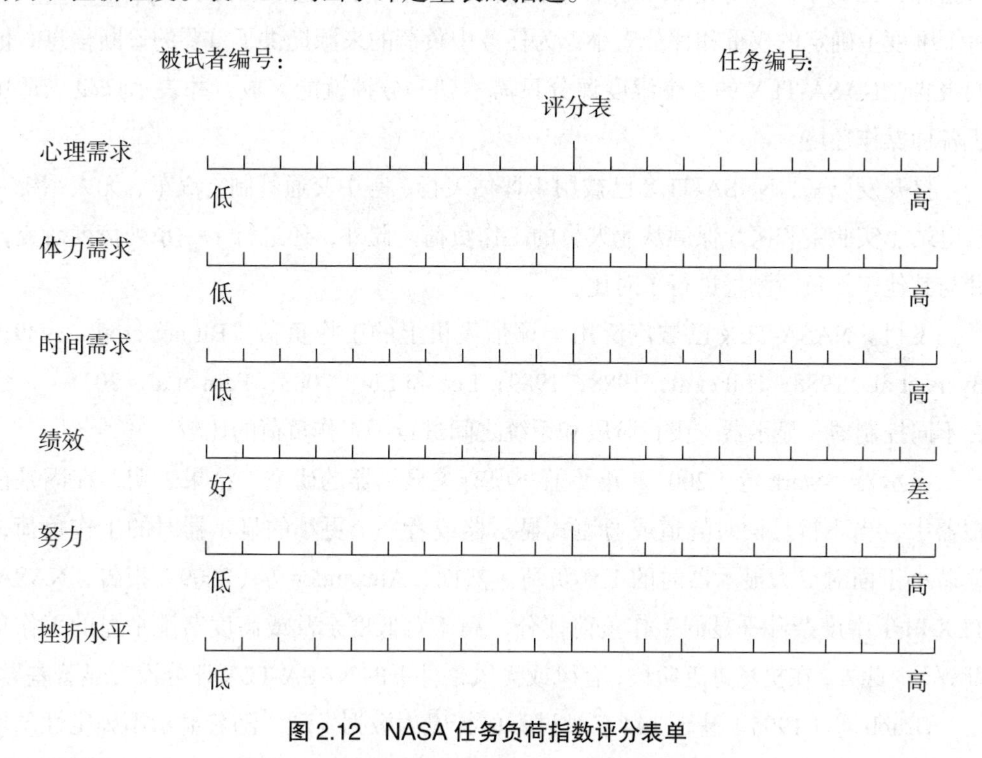

图 2.12 NASA 任务负荷指数评分表单

表 2.26 NASA 任务负荷指数描述

分量表	端点	描述
心理需求	低、高	需要多少心理和知觉活动（如思考、决策、计算、记忆、观察、搜索等）？这项任务是容易还是困难，简单还是复杂，严格还是宽松？
体力需求	低、高	需要多少体力活动（如推、拉、转、控制、激活等）？这项任务是简单还是艰巨，是缓慢还是快速，是松弛还是繁重，是休闲还是劳累？
时间需求	低、高	由于任务或任务元素所发生的速率或节奏，让你感觉到多大的时间压力？是节奏慢而悠闲，还是快速而紧张忙乱？
绩效	好、差	你认为你在完成实验者（或你自己）设定的任务目标方面有多成功？你有多满意，你在实现这些目标方面的绩效如何？
努力	低、高	为了提高你的绩效水平，你付出了多大的努力（精神上和身体上）？
挫折水平	低、高	在任务中，你感到不安全、沮丧、愤怒、压力和烦恼，而不是安全、满意、满足、放松和自满？（NASA 任务负荷指数）

优势和局限性：在 NASA-TLX 的开发过程中，进行了 16 项调查，建立了一个由 247 名被试者 3461 个条目组成的数据库（Hart 和 Staveland，1987）。所有维度均以 1 ~ 100 的双极量表进行评分，两端各附上一个形容词。根据 6 个维度的分数的加权组合确定工作负荷的整体评分。权重是根据被试者提供的一组相关性评分确定的。

Hart 和 Staveland（1987）得出结论，NASA-TLX 提供了一个敏感的总体工作负荷指标，因为不同任务对认知和体力的需求有所不同。他们还表示，在 NASA-TLX 每个维度上确定的权重和评分大小，为任务中负荷的来源提供了重要的诊断信息。他们报告，NASA-TLX 的 6 个维度评分只需不到一分钟就能完成，并表示该量表适用于各种操作环境。

自开发以来，NASA-TLX 已被用于评估飞行、空中交通管制、汽车、无人系统、核电站、实验室和医疗保健从业人员的工作负荷。此外，还进行了一系列信度研究，并与其他工作负荷测量进行了对比。

飞机。NASA-TLX 已被广泛用于评估飞机上的工作负荷（Bittner et al，1989；Byers et al，1988；Hill et al，1988，1989；Lee 和 Liu，2003；Fern et al，2011），已在不同控制器、显示器、飞行阶段和系统之间进行了工作负荷的比较。

显示器。Stark 等（2001）开展了一项有关显示器的研究。结果表明，在固基模拟器中，当飞行员面对隧道或通道式显示器或者一个更小的显示器时的工作负荷，显著小于面对更大显示器时的工作负荷。然而，Alexander 等（2009）报告，NASA-TLX 对于中度杂乱平显的工作负荷评分，高于对低度杂乱或高度杂乱平显的工作负荷评分。此外，在机场进近阶段，有风或无风条件下的 NASA-TLX 评分没有显著差异。

Grubb 等（1995）基于 144 名被试者的警觉力数据发现，随着显示不确定性的增加，工作负荷增加。观察时长（10、20、30 或 40 分钟）对工作负荷没有显著影响。Rodes 和 Gugerty（2012）报告，固定正北为画面上方的显示形式下的工作负荷得分，显著高于当前行驶方向为正上方的显示形式下的工作负荷得分。

飞行阶段：在 NASA 柯伊伯机载观测站的早期飞行评估中，Hart 等（1984）报告了左右座位位置之间以及飞行阶段之间总工作负荷、时间压力、心理压力、心理努力、疲劳和绩效评分存在显著差异。数据来自 NASA 在 11 次飞行中的 9 名试飞员。Hart 和 Staveland（1987）根据飞行数据指出，不同飞行阶段的 NASA-TLX 评分差异显著。Nygren（1991）报告，NASA-TLX 是机组人员所体验的总体工作负荷的一种测量尺度。

Hancock 等（1995）报告，NASA-TLX 分数与模拟飞行任务的难度高度相关。

Vidulich 和 Bortolussi（1988a）报告了显著的飞行阶段效应，但发现不同控制配置之间或作战对抗条件之间的 NASA-TLX 评分没有显著差异。Vidulich 和 Bortolussi（1988b）报告，在模拟直升机任务中从巡航到作战阶段，NASA-TLX 得分差异显著，但控制配置对工作负荷没有影响。

Kennedy 等（2014）报告，在模拟着陆过程中，对于是否发现跑道入侵的两类被试者，其 NASA-TLX 得分没有显著差异，这些被试者为 60 名 20 ~ 64 岁的非飞行员。

系统：Casner（2009）也报告，在改进型驾驶舱配置条件下，NASA-TLX 中所有 7 项工作负荷指标均存在显著的飞行阶段效应。在常规驾驶舱配置条件下，除一项指标外，其他所有指标也存在显著的飞行阶段效应。伏尔（VOR）与全球定位系统（GPS）两种导航系统之间也存在显著的交互作用，特别是，GPS 在设置过程中的工作负荷较高，但在复飞阶段的工作负荷较低。然而，在手动和自动驾驶控制之间，或者在传统仪表和电子仪表之间，被试者的 NASA-TLX 评分没有显著差异。Brown 和 Galster（2004）报告，强加的工作负荷对 NASA-TLX 评分没有显著影响。强加的工作负荷在模拟飞行自动系统的可靠性上有差异。

在 A330 飞行模拟器的飞行剖面实验中，Elmenhorst 等（2009）比较了分段连续下降进近和低阻力低功率进近的 NASA-TLX 得分。第二次执行任务时，分段连续进近的任务负荷显著低于低阻力低功率进近。Moroney 等（1993）报告，前一项模拟飞行任务的工作负荷对 NASA-TLX 评分没有显著影响，实验过程中通过控制模拟侧风的水平来调整工作负荷。

Boehm-Davis 等（2010）报告，24 名航空运输飞行员使用数据通信的工作负荷评分，明显高于使用语音的工作负荷评分，该实验数据是在模拟器上收集的。在另一项模拟实验研究中，Bustamante 等（2005）报告，在 20 海里气象条件下的时间压力评分，显著高于 160 海里气象条件。该实验的被试者为 24 名商业航空公司飞行员，采用的是桌面飞行模拟器。Baker 等（2012）报告，使用低逼真度飞行模拟器的飞行员在语音和数据通信中的工作负荷没有显著差异。

Nataupsky 和 Abbott（1987）成功将 NASA-TLX 应用于多任务环境。Tsang 和 Johnson（1989）报告，当目标获取和发动机故障任务被加入到飞行主任务中时，NASA-TLX 评分有了明显增加。Selcon 等（1991）从实验得出结论，NASA-TLX 评分对模拟空战飞行任务的难度具有敏感性，但对飞行员经验不敏感。

Aretz 等（1995）报告，并行任务的数量对 NASA-TLX 评分的影响最大，其次是被试者的飞行经验。其数据是在一台固基模拟器上采集的，被试者为 15 名美国空军学院学员，飞行小时数为 0 ~ 15.9 小时。

Heers 和 Casper（1998）报告，与使用这些先进技术相比，在没有自动地形回避、导弹预警接收器和激光制导火箭的情况下，工作负荷评分更高。这些数据是在侦察直升机模拟器上采集的。被试者为 8 名美国陆军直升机飞行员。

空中交通管制：在飞行的空中交通管制方面，Pierce（2012）报告，听觉掩蔽和列表记忆条件下的工作负荷存在显著差异。Strybel 等（2016）使用 NASA-TLX 对退役空中交通管制员的工作负荷进行了比较，这些管制员在航线飞行和过渡阶段使用了四种不同的安全距离和间距概念。作者报告，当这两项功能均实现自动化时，工作负荷最低。

Metzger 和 Parasuraman（2005）报告，在空中交通管制场景中，NASA-TLX 作为决策辅助可靠性的函数存在显著差异。同样在空中交通管制领域，Vu 等（2009）报告，高密度空中交通场景中的工作负荷评分明显高于低密度场景。Willems 和 Heiney（2002）报告了任务负荷的显著主效应，以及任务负荷与空中交通管制员位置（数据或雷达管制员）的显著交互作用。研究人员对无自动化、有限自动化、全自动化三种航路交通管制情况进行了评估。

Durso 等（1999）报告，在一项民用空中交通管制任务中，除绩效分量表外，其他分量表均高度正相关。

汽车：Jeon 和 Zhang（2013）在一项模拟驾驶实验中，使用 NASA-TLX 评估悲伤、愤怒和中性情绪的影响。被诱发愤怒情绪的被试者，其报告的工作负荷比被诱发中性情绪的被试者高。在另一项模拟驾驶任务中，Kennedy 和 Bliss（2013）报告，发现“禁止左转”标志的被试者在 NASA-TLX 上的心理需求评分比未发现该标志的被试者要高。

Jordan 和 Johnson（1993）从一项汽车音响的道路评估中得出结论，NASA-TLX 是一种有用的脑力负荷测量工具。Chrysler 等（2010）使用 NASA-TLX 评估驾驶员在开放道路上高速行驶（60 英里 / 小时和 85 英里 / 小时）的工作负荷。Szczerba 等（2015）使用 NASA-TLX 比较三种汽车导航系统（单视觉、视觉听觉混合、视觉触觉混合）的工作负荷。他们报告，这些系统的工作负荷没有显著差异。Shah 等（2015）报告，模拟驾驶中的听觉和触觉告警，其工作负荷没有显著差异。

Alm 等（2006）使用 NASA-TLX 评估载客车辆的夜视系统。在有夜视系统的情况下，NASA-TLX 心理需求和努力维度的评分明显低于无夜视系统的情况。Jansen 等（2016）从一项模拟驾驶研究中得出结论，NASA-TLX 可能存在学习效应。

除飞机和汽车外，NASA-TLX 已被用于评估其他车辆。例如，Mendel 等（2011）使用 NASA-TLX 评估带有车载电子设备的反铲挖土机的工作负荷。

无人机系统：在对无人机系统（Unmanned Systems，UAS）的绩效评估中，Fern 等（2012）使用 NASA-TLX 以比较有无驾驶舱态势显示器以及在高低交通密度情况下的工作负荷，结果发现显示模式或交通密度对工作负荷没有显著影响。Helton 等（2015）在无人机模拟中使用 NASA-TLX 估计团队工作负荷。

Minkov 和 Oron Gilad（2009）报告，不同的无人机显示器中，未加权的 NASA-TLX 分数存在显著差异。在一项类似的研究中，Lemmers 等（2004）使用 NASA-TLX 评估了无人机在欧洲民用空域运行的一种概念。

Sellers 等（2012）使用多资源问卷（MRQ）评估无人地面车辆控制过程中的三级自主水平（规则管理、例外管理和完全自主）。他们报告，前两级自主水平的工作负荷明显高于第三级。

Chen 等（2010）报告，使用 2D 和 3D 立体显示器进行机器人遥控操作时的工作负荷没有显著差异。在美国陆军的一项研究中，Wright 等（2016）比较了大学生控制模拟机器人车队的 NASA-TLX 评分。出乎意料的是，工作负荷随着对智能助手的访问增加而增加。在对自动化水平和同时控制的远程操作车辆数量的比较中，Ruff 等（2000）报告，手动控制一辆车的工作负荷最低，而手动控制四辆车的工作负荷最高。自动化模式为规则管理和例外管理时，在一项人 / 机器人混合实验中，Chen 和 Barnes（2012）报告，控制 8 个机器人的工作负荷显著高于控制 4 个机器人。Riley 和 Strater（2006）使用 NASA-TLX 比较了四种机器人控制模式，并报告了工作负荷的显著差异。

NASA-TLX 已应用于其他环境：Hill 等（1992）报告，NASA-TLX 对不同水平的工作负荷具有敏感性，用户接受度高。该项研究的被试者为陆军操作员。

Fincannon 等（2009a）报告，在操作员团队中，音频通信而非文本通信的工作负荷较低。Fincannon 等（2009b）使用 NASA-TLX 测量无人机（UAV）和无人地面飞行器（UGV）操作员团队的工作负荷。向无人机操作员请求支持并未增加工作负荷，但提供支持确实增加了工作负荷。

Fouse 等（2012）使用 NASA-TLX 评估团队控制异质与同质 4 组与 8 组无人潜航器的效果。同质性车队比异质性车队表现出更少的挫败感和更多的努力。Strang 等（2012）报告，交叉训练团队的工作负荷明显高于对照团队，该研究使用的任务是模拟空战管理。

核电站：Mercado 等（2014）报告，在核电站模拟器中执行的任务类型（检查、探测、响应执行和通信）对 NASA-TLX 总分没有显著影响，但对挫折感评分有显著影响。探测比其他三项任务更令人沮丧。Cosenzo 等（2010）报告，无人地面车辆的三个自动控制级别（手动、自适应和静态）在体力需求和挫折感方面存在显著差异，但对总体工作负荷没有影响。

实验室：在一项警戒任务研究中，Claypool 等（2016）报告，当有被动监督者时，工作负荷明显高于有主动观察者的情况。Manzey 等（2009）也在警戒任务中使用了 NASA-TLX，并报告夜间的工作负荷评分明显高于白天，而且没有自动决策辅助时的工作负荷评分显著高于有自动决策辅助时的工作负荷评分。在另一项警戒任务中，Funke 等（2016）报告，独立工作的成对观察员和单独工作的观察员之间，工作负荷没有显著差异。

在一项特殊的应用研究中，Phillips 和 Madhavan（2012）报告，9 秒曝光的行李扫描，其工作负荷高于 3 秒曝光或连续滚动的情况。Weber 等（2013）报告，在垃圾邮件与非垃圾邮件的区分任务中，作为系统响应时间的函数，工作负荷无显著差异。该项研究中使用的 NASA-TLX 版本已被翻译成了德语。

Kim 等（2016）报告，随着监控任务的复杂性增加，工作负荷显著增加。Dember 等（1993）使用 NASA-TLX 测量视觉警戒任务的工作负荷，该任务的执行时长分为 5 个水平，即 10 分钟、20 分钟、30 分钟、40 分钟和 50 分钟，辨别水平分为容易或困难 2 个水平。他们报告，工作负荷随着时间的推移呈线性增加，随着刺激物差异显著性的增加呈下降趋势。Seidelman 等（2012）仅使用 NASA-TLX 量表，其报告称，在一个转珠子的手工任务中，使用 2 种颜色的珠子和使用 4 种颜色的珠子，二者的工作负荷没有显著差异，但在随后完成的时间估计任务中，工作负荷差异显著。Matthews 等（2015）报告，在单一与双重变化检测或单一与双重威胁检测任务中，工作负荷差异显著，效应量为 0.590。

Dong 和 Hayes（2011）使用 NASA-TLX 评估两个决策支持系统的工作负荷差异。其中一个系统表现出相对不确定性，含有替代方案，其被试者为 19 名大学生。另一个系统表现出相对确定性，其被试者为 14 名大学生。前一组报告了显著更高的工作负荷。

Fraulini 等（2017）报告，有练习和无练习的警觉力训练，二者的工作负荷总分无显著差异；有结果反馈和无结果反馈的警觉力训练，二者的工作负荷总分也无显著差异。然而，在挫折感量表上存在显著差异，无任何练习比有练习条件下的挫折感分数更高。Temple 等（2000）使用 NASA-TLX 验证 12 分钟的计算机警戒任务所引起的高工作负荷。Szalma 等（2004）未发现模态（听觉任务与视觉任务）或时间（四个 10 分钟的警戒期）因素对工作负荷总分的影响。

在一项听觉干扰研究中，Ferraro 等（2017）报告，在执行（较高）和不执行（较低）通信次任务之间，NASA-TLX 的得分差异显著。Kortum 等（2010）报告，随着听觉进度条（如在电话待机条件下使用）的持续时间增加，NASA-TLX 得分显著增加。然而，演奏的听觉信号类型（正弦、大提琴、电子琴）之间的工作负荷没有差异。随着环境噪声的增加，NASA-TLX 得分显著增加（Becker et al，1995）。Shaw 等（2012）报告，单声道和空间广播指挥控制系统之间的 NASA-TLX 工作负荷总分没有显著差异。

Hancock 和 Caird（1993）报告，随着目标收缩率的降低，NASA-TLX 的工作负荷总分显著增加。评分最高的是从光标到目标有 4 步而不是 2 步、8 步或 16 步的路径。Isard 和 Szalma（2015）报告，当目标以每秒 2 米的速度移动时，比以每秒 1 米的速度移动时的 NASA-TLX 工作负荷评分更高。努力、绩效和时间需求分量表也出现了同样的结果，对心理需求没有影响。在体力需求维度存在速度（每秒 1 米、每秒 2 米）和选择（轻松任务、艰巨任务）的交互效应。在有选择的情况下，对每秒 1 米的体力需求高于无选择的情况。

Bowers 等（2014）也报告被试者在不同的事件发生率水平下执行空军多属性任务组时，NASA-TLX 得分无显著差异。Rodriguez-Paras 等（2015）报告，在完成多属性任务组 -II 时，随着执行的任务难度或数量变化，工作负荷明显改变。

Brill 等（2009）报告，当增加次任务（视觉计数、听觉计数或触觉计数）时，视觉探测任务的工作负荷增加。Finomore 等（2006）使用 NASA-TLX 评估对目标探测的工作负荷，结果发现，对于分别探测目标中不具有某种特征和目标中具有某种特征两种情况，前者的 NASA-TLX 得分显著更高。Finomore 等（2010）报告了不同难度（简单与困难）和通信格式（无线电、3D 音频、对话和多模态）之间的 NASA-TLX 得分存在显著差异。Jones 和 Endsley（2000）报告，在一项军事指挥与控制任务实验中，战争与和平情景下的 NASA-TLX 得分存在显著差异，但在同一实验中，对次任务的反应时间差异不显著。

Teo 和 Szalma（2010）报告，监控的视觉显示器数量（1、2、4、8）对 NASA-TLX 的所有 6 个分量表得分均有显著影响，特别是随着任务需求的增加，工作负荷分量表评分也增加。此外，事件发生率（每分钟 8、12、16 或 20 个事件）也对工作负荷有显著影响，但仅对两个分量表（时间需求和挫折感）产生影响。Jerome 等（2006）使用 NASA-TLX 评估增强现实线索对工作负荷的影响，结果表明，随着触觉线索的出现，工作负荷显著下降。Liu（1996）要求被试者执行一项带有决策任务的追踪任务，从 NASA-TLX 的评分结果看，目视扫描导致工作负荷增加。

Riggs 等（2014）使用 NASA-TLX 对虚拟环境中的导航工具进行了比较。Teo 和 Szalma（2011）报告了感觉（信号尺寸相同或不同）与认知（信号值相同或不同）两个因素不同条件下的工作负荷，发现两种因素均为第一种条件下工作负荷更高。监控 4 个显示器比监控 1 个或 2 个显示器的工作负荷显著更大。在一项训练研究中，Teo

等（2013）报告，当一个训练组收到结果反馈而另一组无结果反馈时，两个训练组之间的工作负荷无显著差异。

Sawyer 等（2014）报告，在网络安全任务中，脑力负荷评分很高。在网络威胁领域，Giacobe（2013）报告，文本与图形信息对 NASA-TLX 评分没有显著影响。然而，新手和经验丰富的分析师在时间需求分量表上的得分具有显著差异。

Bowden 和 Rusnock（2016）报告，完成双重任务时采用不同策略的工作负荷存在显著差异。Dillard 等（2015）报告，在一项实际时长 30 分钟的任务中，一组被试者被告知他们执行的任务将持续 15 分钟，另一组被试者则被告知任务将持续 60 分钟，两组被试者在 NASA-TLX 上的得分没有显著差异。

Satterfield 等（2012）使用 NASA-TLX 评估自动化故障。源自单过渡（增加一次威胁）与双过渡（增加两次威胁）的控制条件（威胁数量无变化）之间具有显著差异，但单、双条件下的工作负荷差异不显著。Endsley 和 Kaber（1999）使用 NASA-TLX 测量不同自动化水平下的工作负荷，其中自动化水平包括手动控制、行动支持、批处理、共同控制、决策支持、混合决策、刚性系统、自动决策、监督控制和完全自动化。被试者为 30 名本科生。结果发现，混合决策、自动决策、监督控制和完全自动化的工作负荷明显较低。Harris 等（1995）报告，手动追踪任务在 NASA-TLX 5 个分量表（心理需求、时间需求、努力、挫折和体力需求）上的得分显著高于自动追踪任务。

Kent 等（2012）报告，在游戏应用程序中，语音输入的工作负荷高于手动输入。在另一项研究中，Scerra 和 Brill（2012）报告，触觉和听觉混合任务、触觉和视觉混合任务与单任务相比，两种触觉任务的双重任务工作负荷更高。Crandall 和 Chaparro（2012）报告，与使用物理键盘相比，开车时使用触摸屏发短信的脑力负荷和体力负荷明显更大。

在 NASA-TLX 的一项特殊的应用研究中，Szalma 和 Teo（2010）报告，神经质较高的个体（根据国际人格特质条目库的 N 量表测量）相比神经质低的个体，前者报告了更高水平的挫败感（NASA-TLX 的一个分量表）。在另一项人格特质研究中，Panganiban 等（2011）计算了 NASA-TLX 量表得分与状态特质人格问卷（STPI）焦虑评估得分之间的相关性。STPI 第一个中心模块的得分与 NASA-TLX 体力需求和挫折感得分之间存在显著正相关，同时 STPI 焦虑模块得分与 NASA-TLX 心理需求、努力和挫折感分量表得分之间存在显著的正相关。STPI 第二个中心模块得分和 NASA-TLX 分量表得分没有显著相关性。该项研究的被试者为当地的 46 名大学生，实验任务为一项模拟防空任务。

Vidulich 和 Pandit（1987）报告，NASA-TLX 与 7 项人格测试（詹金斯活动调查

表、罗特控制点、认知失败问卷、认知干扰问卷、想法出现问卷、加利福利亚 Q- 分类、Myers-Briggs 类型指标）之间只有 3 项显著相关，即 NASA-TLX 的体力需求量表得分与詹金斯速度量表得分呈显著负相关（r=–0.23），体力需求得分与罗特控制点量表得分呈显著正相关（r=0.21），努力得分与罗特控制点量表得分呈显著正相关（r=0.23）。在最近的一项研究中，Szalma（2002）报告，在完成 24 分钟的警戒任务后，压力应对策略对 NASA-TLX 没有影响，该项研究的被试者为 48 名男性和 48 名女性本科生。

在另一项非典型的应用研究中，Fraune 等（2013）使用 NASA-TLX 比较了使用图形记忆辅助创建密码或登录的工作负荷，发现创建用户阶段的体力负荷显著高于登录阶段。在另一项特殊的应用研究中，Newlin Canzone 等（2011）报告，面试中主动观察（扮演受访者的角色）的工作负荷明显高于被动观察。

医疗保健。对于微创手术中使用 2D 和 3D 显示器，Sublette 等（2010）报告，使用这两类显示器的工作负荷没有显著差异。Lowndes 等（2015）使用 NASA-TLX 比较了不同腹腔镜手术的工作负荷。Warvel 和 Scerbo（2015）测量了腹腔镜手术期间，不同摄像机角度相关的工作负荷。Yu 等（2015）使用 NASA-TLX 测量了与腹腔镜技能培训相关的工作负荷。

Sublette 等（2010）比较了 3 项心理运动任务的前瞻性和回顾性评分。他们报告了对 NASA-TLX 的心理需求和绩效分量表的显著影响，前瞻性任务评分最低，回顾性评分最难。Sublette 等（2011）报告，随着手术目标数量的增加，工作负荷增加。

Levin 等（2006）在急诊医生完成 180 分钟的任务后，收集了 NASA-TLX 数据，结果发现，患者信息沟通、指导患者护理、接打电话和咨询以及绘制图表等事务的工作负荷高，时间需求维度的工作负荷最高。Lio 等（2006）报告，随着腹腔镜手术精度要求的提高，NASA-TLX 得分显著增加。Grant 等（2009）报告，NASA-TLX 得分对时间段（工作负荷随着时间段的推移而减少）和手术任务类型具有敏感性。

Luz 等（2010）在模拟乳突切除手术后，使用 NASA-TLX 对手术期间图像引导的有效性进行了评估。他们报告，外科学生在手动手术过程中的工作负荷明显低于使用图像系统的手术过程。同样在医学领域，Mosaly 等（2011）使用 NASA-TLX 评估放射肿瘤学家在放射治疗计划和执行任务期间的工作负荷。在另一项医学应用研究中，McCrory 等（2012）报告，与袋阀面罩相比，新型口含式面罩的总体工作负荷与努力负荷显著更低。

在一项特殊的应用研究中，Kuehn 等（2013）报告，患有运动控制障碍的被试者对触摸屏操作的工作负荷评分比健康被试者的评分更高。

信度。Battiste 和 Bortolussi（1988）报告了显著的工作负荷效应，NASA-TLX 的重测信度为 0.769。Corwin 等（1989）报告，NASA-TLX 是一种有效且可靠的工作负荷测量方法。

与其他工作负荷评估工具的比较。Vidulich 和 Tsang（1985）比较了 SWAT 和 NASA-TLX。他们表示，SWAT 的评分采集更简单，但 SWAT 卡的排序更加繁琐和耗时。Battiste 和 Bortolussi（1988）报告，在一次模拟 B-727 飞行中，SWAT 和 NASA-TLX 得分没有显著相关性。Hancock（1996）表示，在一项追踪任务中，NASA-TLX 和 SWAT 对任务操作的敏感性基本相当。

Jordan 等（1995）报告了 NASA-TLX 和绩效预测（Prediction of Performance，POP）工作负荷测量的得分模式基本相同。在桌面飞行模拟器上，不同工作负荷水平的任务，其 NASA-TLX 得分不同。Tsang 和 Johnson（1987）报告了 NASA-TLX 和单维工作负荷量表之间的良好相关性。Vidulich 和 Tsang（1987）重复验证了 Tsang 和 Johnson 的发现，以及 NASA-TLX 和层次分析法的良好相关性。Leggatt 和 Noyes（1997）报告，使用 NASA-TLX 对一个被试者的工作负荷进行自评和他评，两种评分之间没有显著差异。然而，有一种交互作用，下属对领导工作负荷的评价高于领导对自己工作负荷的评价，该研究中的被试者为装甲车驾驶员。Riley 等（1994）将 NASA-TLX 得分与 22 种测量工作负荷的方法进行了比较。对于完成面向航线飞行训练的飞行员而言，不同测量工具得到的工作负荷评分基本相同。Windell 等（2006）将 NASA-TLX 得分与简版工作负荷主观测量工具（Short Subjective Instrument，SSI）（即用一道题测量总体工作负荷）进行了比较。SSI 得分与 NASA-TLX 中除心理需求维度外的其他维度得分均具有显著差异。

Chin 等（2004）描述了专为驾驶设计的 NASA-TLX 修订版，即驾驶活动负荷指数（Driving Activity Load Index，DALI）。DALI 因子从低到高依次为注意努力、视觉需求、听觉需求、触觉需求、时间需求和干扰。DALI 已得到了实际应用（Bashiri 和 Mann，2013）。

单一估计与多重估计。Hendy 等（1993）研究了工作负荷的单维和多维测量，开展了一系列实验，包括低水平直升机操作、周边视觉显示评估、飞行模拟器仿真以及飞机着陆任务。他们的结论是，如果需要对工作负荷进行总体测量，那么单维测量与多维测量具有同样的敏感性。如果单维测量不可用，则可以使用简单的未加权将各维度得分求和计为总体工作负荷分数。Peterson 和 Kozhokar（2017）报告，当最具挑战性的任务最后呈现时，NASA-TLX 总分没有显著差异。然而，当三项任务中最具挑战性的任务在最后执行时，心理需求评分显著增加。

Byers 等（1989）建议使用 NASA-TLX 原始分数。Moroney 等（1992）报告，预评分加权方案是不必要的，因为加权和未加权分数之间的相关性为 0.94。此外，任务结束 15 分钟后开展评估并不会影响工作负荷评分；但结束后 48 小时才开展评估确实会影响工作负荷评分。48 小时后已无法区分工作负荷条件。Moroney 等（1995）从相关研究的回顾性分析中得出结论，任务结束后 15 分钟内评估不会影响 NAS-TLX 分数。

Svensson 等（1997）报告，在 18 名完成模拟低空高速飞行任务的飞行员中，NASA-TLX 的信度为 0.77。与贝德福德工作负荷量表得分的相关性为 0.826，与 SWAT 得分的相关性为 0.735。Finomore 等（2009）比较了 NASA-TLX 和多资源问卷在多任务和单任务条件下的评分。只有多资源问卷显示出在多任务环境中工作负荷更大。

在另一项工作负荷评估的比较中，Rubio 等（2004）将 NASA-TLX 的工作负荷估计与 SWAT 和工作负荷情况（Workload Profile，WP）进行了比较。该项研究的被试者为 36 名心理学学生，他们需要完成单一任务和双重任务。斯滕伯格记忆搜索任务中的记忆组大小对 NASA-TLX 评分没有显著影响。在双重任务条件下，记忆组大小和追踪任务路径宽度的交互作用也不显著，但所有其他条件均对 NASA-TLX 得分有显著影响。

Loft 等（2015）比较了 117 名本科生在完成三项潜艇任务（接触分类、最近接近点和紧急水面）中的 SPAM、SAGAT、ATWIT、NASA-TLX 和 SART 评分。SPAM 得分与 SART 得分无显著相关性，但与 ATWIT 和 NASA-TLX 得分显著相关。

NASA-TLX 已被修订用于测量团队工作负荷（Helton et al，2014；Sellers et al，2014）。这些研究者的结论是，被试者的工作负荷测量值在被试间和被试内均有差异。

在一项特殊的应用研究中，Hale 和 Long（2017）使用 NASA-TLX 评估观察者主观评价被试者脑力负荷的能力。观察者的主观评分低估了被试者的工作负荷，反过来被试者也低估了观察者的工作负荷。

数据要求：使用 NASA-TLX 需要两个步骤。首先，被试者对每项任务在 6 个分量表中的情况进行评分。Hart 建议被试者应在培训阶段学习量表如何评分。其次，被试者必须对 6 个分量表进行 15 次配对比较。每个分量表被评为对工作负荷贡献更大的次数作为该分量表的权重。针对不同的任务计算单独的权重；相似的任务可以采用同样的权重。值得注意的是，已经编写了一组与 PC 兼容的程序来收集评分和权重，并计算加权的工作负荷分数。这些程序可从 NASA 艾姆斯研究中心的人为因素部门获得。NASA-TLX 也可通过网址（http://NASATLX.com）在线访问（Sharek，

2011）。

阈值：Knapp 和 Hall（1990）使用 NASA-TLX 评估了一个高度自动化的通信系统。将 40 作为高工作负荷阈值，该系统被用于导致操作者产生高工作负荷和增加认知努力的困难度。Sturrock 和 Fairburn（2005）定义了红线值：

开发 / 风险降低工作负荷评估：0 ~ 60，可接受；61 ~ 80，需进一步评估；81 ~ 100，不可接受的设计变更。

资格认证工作负荷评估：0 ~ 80，可接受；81 ~ 100，设计变更待评估。

原书参考文献

Alexander, A.L., Stelzer, E.M., Kim, S.H., Kaber, D.B., and Prinzel, L.J. Data and knowledge as predictors of perceptions of display clutter, subjective workload and pilot performance. Proceedings of the Human Factors and Ergonomics Society 53rd Annual Meeting, 21-25, 2009.

Alm, T., Kovordanyi, R., and Ohlsson, K. Continuous versus situation-dependent night vision presentation in automotive applications. Proceedings of the Human Factors and Ergonomics Society 50th Annual Meeting, 2033-2037, 2006.

Aretz, A.J., Shacklett, S.F., Acquaro, P.L., and Miller, D. The prediction of pilot subjective workload ratings. Proceedings of the Human Factors and Ergonomics Society 39th Annual Meeting, 94-97, 1995.

Baker, K.M., DiMare, S.K., Nelson, E.T., and Boehm-Davis, D.A. Effect of data communications on pilot situation awareness, decision making, and workload. Proceedings of the Human Factors and Ergonomics Society 56th Annual Meeting, 1787-1788, 2012.

Bashir i, B, and Mann, D.D. Drivers' mental workload in agricultural semi-autonomous vehicles. Proceedings of the Human Factors and Ergonomics Society 57th Annual Meeting, 1795-1799, 2013.

Battiste, V., and Bortolussi, M.R. Transport pilot workload: A comparison of two objective techniques. Proceedings of the Human Factors Society 32nd Annual Meeting, 150-154, 1988.

Becker, A.B., Warm, J.S., Dember, W.N., and Hancock, P.A. Effects of jet engine noise and performance feedback on perceived workload in a monitoring task. International Journal of Aviation Psychology 5(1): 49-62, 1995.

Bittner, A.C., Byers, J.C., Hill, S.G., Zaklad, A.L., and Christ, R.E. Generic workload ratings of a mobile air defense system. Proceedings of the Human Factors Society 33rd Annual Meeting, 1476-1480, 1989.

Boehm-Davis, D.A., Gee, S.K., Baker, K., and Medina-Mora, M. Effect of party line loss and delivery format on crew performance and workload. Proceedings of the Human Factors and Ergonomics Society 54th Annual Meeting, 126-130, 2010.

Bowden, J.R., and Rusnock, CF. Influences of task management strategy on performance and workload for supervisory control. Proceedings of the Human Factors and Ergonomics Society 60th Annual Meeting, 855-859, 2016.

Bowers, M.A., Christensen, J.C., and Eggemeier, F.T. The effects of workload transitions in a multitasking environment. Proceedings of the Human Factors and Ergonomics Society 58th Annual Meeting, 220-224, 2014.

Brill, J.C., Mouloua, M., and Hendricks, S.D. Compensatory strategies for managing the workload demands of a multimodal reserve capacity task. Proceedings of the Human Factors and Ergonomics Society 53rd Annual Meeting, 1151-1155, 2009.

Brown, R.D., and Galster, Subjective measures of mental workload, situation awareness, trust and confidence in a dynamic flight task. Proceedings of the Human Factors and Ergonomics Society 48th Annual Meeting, 147-151, 2004.

Bustamante, E.A., Fallon, C.K., Bliss, J.P., Bailey, W.R., and Anderson, B.L. Pilots' workload, situation awareness, and trust during weather events as a function of time pressure, role assignment, pilots' rank, weather display and weather system. International Journal of Applied Aviation Studies 5(2): 348-368, 2005.

Byers, J.C., Bittner, AC., and Hill, S.G. Traditional and raw Task Load Index (TLX) correlations: Are paired comparisons necessary? In Advances in Industrial Ergonomics and Safety (p.481-485). London: Taylor & Francis Group, 1989.

Byers, J.C., Bittner, AC., Hill, S.G., Zaklad, AL., and Christ, R.E. Workload assessment of a remotely piloted vehicle (RPV) system. Proceedings of the Human Factors Society 32nd Annual Meeting, 1145-1149, 1988.

Casner, S.M. Perceived vs. measured effects of advanced cockpit systems on pilot workload and error: Are pilots' beliefs misaligned with reality? Applied Ergonomics 40: 448-456, 2009.

Chen, J.Y.C., and Barnes, M.J. Supervisory control of multiple robots: Effects of imperfect automation and individual differences. Human Factors 54(2): 157-174; 2012.

Chen, J.Y.C., Oden, R.N.V., Kenny, C., and Merritt, J.0. Stereoscopic displays for robot teleoperation and simulated driving. Proceedings of the Human Factors and Ergonomics Society 54th Annual Meeting, 1488-1492, 2010.

Chin, E., Nathan, F., Pauzie, A., Manzano, J., Nodari, E., Cherri, C., Rambaldini, A, Toffetti, A, and Marchitto, M. Subjective assessment methods for workload. Information Society Technologies (IST) Programme Adaptive Integrated Driver-vehicle Interface (AIDE)(ISR-1-507674-IP). Gothenburg, Sweden: Information Society Technologies Program, March 2004.

Chrysler, S.T., Funkhouser, D., Fitzpatrick, K., and Brewer, M. Driving performance and driver workload at high speeds: Results from on-road and test track studies.Proceedings of the Human Factors and Ergonomics Society 54th Annual Meeting, 2071-2075, 2010.

Claypoole, V.L., Dewar, AR., Fraulini, N.W., and Szalma, J.L. Effects of social facilitation on perceived workload, subjective stress, and vigilance-related anxiety. Proceedings of the Human Factors and Ergonomics Society 60th Annual Meeting, 1168-1172, 2016.

Corwin, W.H., Sandry-Garza, D.L., Biferno, M.H., Boucek, G.P., Logan, AL., Jonsson, J.E., and Metalis, S.A Assessment of Crew Workload Measurement Methods, Techniques, and Procedures. Volume I-Process, Methods, and Results (WRDC-TR-89-7006). Wright-Patterson Air Force Base, OH, 1989.

Cosenzo, K., Chen, J., Reinerman-Jones, L., Barnes, M., and Nicholson, D. Adaptive automation effects on operator performance during a reconnaissance mission with an unmanned ground vehicle. Proceedings of the Human Factors and Ergonomics Society 54th Annual Meeting, 2135-2139, 2010.

Crandall, J.M., and Chaparro, A Driver distraction: Effects of text entry methods on driving performance. Proceedings of the Human Factors and Ergonomics Society 56th Annual Meeting, 1693-1697, 2012.

Dember, W.N., Warm, J.S., Nelson, W.T., Simons, K.J., and Hancock, P.A The rate of gain of perceived workload in sustained operations. Proceedings of the Human Factors and Ergonomics Society 37th Annual Meeting, 1388-1392, 1993.

Dillard, M.B., Warm, J.S., Funke, G.J., Vidulich, M.A, Nelson, W.T., Eggemeier, T.F., and Funke, M.E. Vigilance: Hard work even if time flies. Proceedings of the Human Factors and Ergonomics Society 57th Annual Meeting, 1114-1118, 2015.

Dong, X., and Hayes, C. The impact of uncertainty visualization on team decision making. Proceedings of Human Factors and Ergonomics Society 55thAnnual Meeting, 257-261, 2011.

Durso, FT, Hackworth, CA., Truitt, T.R., Crutchfield, J., Nikolic, D., and Manning, CA. Situation Awareness as a Predictor of Permance in En Route Air Traffic Controllers (DOT/FAA/AM-99/3). Washington, DC: Office of Aviation Medicine, January 1999.

Elmenhorst, E., Vejvoda, M., Maass, H., Wenzel, J., Plath, G., Schubert, E., and Basner, M. Pilot workload during approaches: Comparison of simulated standard and noise-abatement profiles. Aviation, Space, and Environmental Medicine 80: 364-370, 2009.

Endsley MR., and Kaber, D.B. Level of automation effects on performance, situation awareness, and workload in a dynamic control task. Ergonomics 42(3): 462-492, 1999.

Ferraro, J., Christy, N, and Mouloua, M. Impact of auditory interference on automated task monitoring and workload. Proceedings of the Human Factors and Ergonomics Society Annual Meeting, 1136-1140, 2017.

Fern, L., Flaherty, S.R., Shively, R.J., and Turpin, T.S. Airspace deconfliction for UAS operations. 16th International Symposium on Aviation Psychology. 451-456, 2011.

Fern, L., Kenny, CA., Shively, R.J., and Johnson, W. UAS integration into the NAS: An examination of baseline compliance in the current airspace system. Proceedings of the Human Factors and Ergonomics Society 56th Annual Meeting, 41-45, 2012.

Fincannon, T.D., Evans, AW., Jentsch, F, Phillips, E., and Keebler, J. Effects of sharing control of unmanned vehicles on backup behavior and workload in distributed operator teams. Proceedings of the Human

Factors and Ergonomics Society 53rd Annual Meeting, 1300-1303, 2009a.

Fincannon, T.D., Evans, AW., Phillips, E., Jentsch, F., and Keebler, J. The influence of team size and communication modality on team effectiveness with unmanned systems. Proceedings of the Human Factors and Ergonomics Society 53 rd Annual Meeting, 419-423, 2009a.

Finomore, V.S., Shaw, T.H., Warm, J.S., Matthews, G., Weldon, D., and Boles, D.B. On the workload of vigilance: Comparison of the NASA-TLX and the MRQ.Proceedings of the Human Factors and Ergonomics Society 53rd Annual Meeting, 1057-1061, 2009.

Finomore, V., Popik, D, Castle, C., and Dallman, R. Effects of a network-centric multimodal communication tool on a communication monitoring task. Proceedings of the Human Factors and Ergonomics Society 54th Annual Meeting, 2125-2129, 2010.

Finomore, V.S., Warm, J.S., Matthews, G., Riley M.A., Dember, W.N, Shaw, T.H., Ungar, N.R., and Scerbo, M.W. Measuring the workload of sustained attention. Proceedings of the Human Factors and Ergonomics Society 50th Annual Meeting, 1614-1618, 2006.

Fouse, S., Champion, M., and Cooke, N.J. The effects of vehicle number and function on performance and workload in human-robot teaming. Proceedings of the Human Factors and Ergonomics Society 56th Annual Meeting, 398-402, 2012.

Fraulini, N.W., Fistel, A.L., Perez, M.A., Perez, T.L., and Szalma, J.L. Examining the effects of a novel training paradigm for vigilance on mental workload and stress. Proceedings of the Human Factors and Ergonomics Society Annual Meeting, 1504-1508, 2017.

Fraune, M.R., Juang, K.A., Greenstein, J.S, Madathil, K.C., and Koikkara, R. Employing user-created pictures to enhance the recall of system-generated mnemonic phrases and the security of passwords. Proceedings of the Human Factors and Ergonomics Society 57th Annual Meeting, 419-423, 2013.

Funke, G.J Warm., S, Baldwin, C.L., Garcia, A., Funke, M.E., Dillard, M.B., Finomore, V.S., Mathews, G., and Greenlee, E.T. The independence and interdependence of coacting observers in regard to performance efficiency, workload, and stress in a vigilance task. Human Factors 58(6): 915-926, 2016.

Giacobe, N.A. A picture is worth a thousand words. Proceedings of the Human Factors and Ergonomics Society 57th Annual Meeting, 172-176, 2013.

Grant, R.C., Carswell, C.M., Lio, C.H., Seales, B, and Clarke, D. Verbal time production as a secondary task: Which metrics and target intervals are most sensitive to workload for fine motor laparoscopic training tasks? Proceedings of the Human Factors and Ergonomics Society 53rd Annual Meeting, 1191-1195, 2009.

Grubb, PL., Warm, J.S., Dember, W.N., and Berch, D.B. Effects of multiple-signal discrimination on vigilance performance and perceived workload. Proceedings of the Human Factors and Ergonomics Society 39th Annual Meeting, 1360-1364, 1995.

Hale, L.T., and Long, P.A. How accurately can an observer assess participant self reported workload? Proceedings of the Human Factors and Ergonomics Society Annual Meeting, 1486-1487, 2017.

Hancock, P.A Effects of control order, augmented feedback, input device, and practice on tracking performance and perceived workload. Ergonomics 39(9): 1146-1162, 1996.

Hancock, PA., and Caird, J.K. Experimental evaluation of a model of mental workload. Human Factors 35(3): 413-419, 1993.

Hancock, P.A., William, G., Manning, CM., and Miyake, S. Influence of task demand characteristics on workload and performance. International Journal of Aviation Psychology 5(1): 63-86, 1995.

Harris, W.C., Hancock, P.A., Arthur, E.J., and Caird, IK. Performance, workload, and fatigue changes associated with automation. International Journal of Aviation Psychology 5(2): 169-185, 1995.

Hart, S.G., Hauser, J.R., and Lester, P.T. In flight evaluation of four measures of pilot workload. Proceedings of the Human Factors Society 28th Annual Meeting, 945-949, 1984.

Hart, S.G., and Staveland, L.E. Development of NASA-TLX (Task Load Index): Results of empirical and theoretical research. http: //stavelandhfe.com/ images/NASATLX_paper.pdf, 1987.

Heers, S.T., and Casper, P.A. Subjective measurement assessment in a full mission scout-attack helicopter simulation. Proceedings of the Human Factors and Ergonomics Society 42nd Annual Meeting, 26-30, 1998.

Helton, W.S., Epling, S, de Joux, N., Funke, G.J., and Knott, B.A. Judgments of team workload and stress: A simulated Unmanned Aerial Vehicle case. Proceedings of the Human Factors and Ergonomics Society 59th Annual Meeting, 736-740, 2015.

Helton, W.S., Funke, G.J., and Knott, B.A. Measuring workload in collaborative contexts: Trait versus state perspectives. Human Factors 56(2): 322-332, 2014.

Hendy, K.C., Hamilton, K.M., and Landry L.N. Measuring subjective workload: When is one scale better than many? Human Factors 35(4): 579-601, 1993.

Hill, S.G, Byers, J.C., Zaklad, A.L., and Christ, R.E. Subjective workload assessment during 48 continuous hours of LOS-F-H operations. Proceedings of the Human Factors Society 33rd Annual Meeting, 1129-1133, 1989.

Hill, S.G., Iavecchia, H.P., Byers, J.C., Bittner, A.C., Zaklad, A.L., and Christ, R.E. Comparison of four subjective workload rating scales. Human Factors 34: 429-439, 1992.

Hill, S.G., Zaklad, A.L., Bittner, A.C., Byers, J.C., and Christ, R.E. Workload assessment of a mobile air defense system. Proceedings of the Human Factors Society 32nd Annual Meeting, 1068-1072, 1988.

Isard, J.L., and Szalma, J.L. The effect of perceived choice on performance, workload, and stress. Proceedings of the Human Factors and Ergonomics Society, 1037-1041, 2015.

Jansen, R.J., Sawyer, B.D., van Egmond, R., de Ridder, H., and Hancock, P.A. Hysteresis in mental workload and task performance: The influence of demand transitions and task prioritization. Human Factors 58(8): 1143-1157, 2016.

Jeon, M., and Zhang, W. Sadder but wiser? Effects of negative emotions on risk perception, driving performance, and perceived workload. Proceedings of the Human Factors and Ergonomics Society

57th Annual Meeting, 1849-1853, 2013.

Jerome, C.J., Witner, B., and Mouloua, M. Attention orienting in augmented reality environments: Effects of multimodal cues. Proceedings of the Human Factors and Ergonomics Society 50th Annual Meeting, 2114-2118, 2006.

Jones, D.G., and Endsley, M.R. Can real-time probes provide a valid measure of situation awareness? Proceedings of the 1st Human Performance, Situation Awareness and Automation: User-Centered Design for the New Millennium, 245-250, 2000.

Jordan, C.S., Farmer, E.W., and Belyavin, A.J. The DRA Workload Scales (DRAWS): A validated workload assessment technique. Proceedings of the 8th International Symposium on Aviation Psychology, 1013-1018, 1995.

Jordan, P.W., and Johnson, G.L. Exploring mental workload via TLX: The case of opera ting a car stereo whilst driving. In A.G. Gale, I.D. Brown, C.M. Haslegrave, H.W.Kruysse, and S.P.Taylor (Eds.) Vision in Vehicles-IV (p. 255-262). Amsterdam: North-Holland, 1993.

Keillor, J., Ellis, K., Craig, G., Rozovski, D., and Erdos, R. Studying collision avoidance by nearly colliding: A flight test evaluation. Proceedings of the Human Factors and Ergonomics Society 55th Annual Meeting, 41-45, 2011.

Kennedy, K.D., Stephens, C.L., Williams, R.A., and Schutte, P.C. Automation and inattentional blindness in a simulated flight task. Proceedings of the Human Factors and Ergonomics Society 58th Annual Meeting, 2058-2062, 2014.

Kennedy, K.K., and Bliss, J.P. Intentional blindness in a simulated driving task. Proceedings of the Human Factors and Ergonomics Society 57th Annual Meeting, 1899-1903, 2013.

Kent, T.M., Marraffino, M.D., Najle, M.B., Sinatra, A.M., and Sims, V.K. Effects of input modality and expertise on workload and video game performance.Proceedings of the Human Factors and Ergonomics Society 56th Annual Meeting, 1069-1073, 2012.

Kim, J.H., Yang, X., and Putri, M. Multitasking performance and workload during a continuous monitoring task. Proceedings of the Human Factors and Ergonomics Society 60th Annual Meeting, 665-669, 2016.

Knapp, B.G., and Hall, B.J. High performance concerns for the TRACKWOLF system (ARI Research Note 91-14). Alexandria, VA, 1990.

Kortum, P, Peres, S.C., and Stallman, K. Mental workload measures of auditory stimuli heard during periods of waiting. Proceedings of the Human Factors and Ergonomics Society 54th Annual Meeting, 1689-1693, 2010.

Kuehn, K.A., Chourasia, A.O., Wiegmann, D.A., and Sesto, M.E. Effects of orientation on workload during touchscreen operation among individuals with and without disabilities. Proceedings of the Human Factors and Ergonomics Society 57th Annual Meeting, 1580-1584, 2013.

Leggatt, A., and Noyes, J. Workload judgments: Self-assessment versus assessment of others. In D. Harris

(Ed.) Engineering Psychology and Cognitive Ergonomics Volume One Transportation Systems (p. 443-449). Aldershot, UK: Ashgate, 1997.

Lee, Y, and Liu, B. lnflight workload assessment: Comparison of subjective and physiological measurements. Aviation, Space, and Environmental Medicine 74(10): 1078-1084, 2003.

Lemmers, A., Valens, M., Beemster, T., Schmitt, D., and Klostermann, E. Unmanned aerial vehicle safety issues for civil operations (D4.l/WP4100 Report). USICO European Commission, April 9, 2004.

Levin, S, France, D.J., Hemphill, R., Jones, I., Chen, K.Y., Rickard, D., Makowski, R., and Aronsky, D. Tracking workload in the emergency department. Human Factors 48(3): 526-539, 2006.

Lio, C.H., Bailey, K., Carswell, C.M., Seales, W.B., Clarke, D., and Payton, G. Time estimation as a measure of mental workload during the training of laparo-scopic skills. Proceedings of the Human Factors and Ergonomics Society 50th Annual Meeting, 1910-1913, 2006.

Liu, Y. Quantitative assessment of effects of visual scanning on concurrent task performance. Ergonomics 39(3): 382-399, 1996.

Loft, S., Bowden, V, Braithwaite, J., Morrell, D.B., Huf, S., and Durso, F.T. Situation awareness measures for simulated submarine track management. Human Factors 57(2): 298-310, 2015.

Lowndes, B, bdelrahman, A., McCrory, B., and Hallbeck, S. A preliminary study of novice workload and performance during surgical simulation tasks for conventional versus single incision laparoscopic techniques. Proceedings of the Human Factors and Ergonomics Society 59th Annual Meeting, 498-502, 2015.

Luz, M., Mueller, S, Strauss, G., Dietz, A., Meixenberger, J., and Manzey, D. Automation in surgery: The impact of navigation-control assistance on the performance, workload and situation awareness of surgeons. Proceedings of the Human Factors and Ergonomics Society 54th Annual Meeting, 889-893, 2010.

Manzey, D., Reichenbach, J., and Onnasch, L. Human performance consequences of automated decision aids in states of fatigue. Proceedings of the Human Factors and Ergonomics Society Annual Meeting, 329-333, 2009.

Matthews, G., Reinerman-Jone s, L.E, Barber, D.J., and Abich, J. The psychometrics of mental workload: Multiple measures are sensitive but divergent. Human Factors 57(1): 125-143, 2015.

McCrory, B., Lowndes, B.R., Thompson, D.L., Miller, E.E., Riggle, J.D., Wadman, M.C., and Hallbeck, M.S. Workload comparison of intraoral mask to standard mask ventilation using a cadaver model. Proceedings of the Human Factors and Ergonomics Society 56th Annual Meeting, 1728-1732, 2012.

Mendel, J., Pak, R., and Drum, J.E. Designing for consistency reduce workload in dual-task situations? Proceedings of the Human Factors and Ergonomics Society 55th Annual Meeting, 2000-2004, 2011.

Mercado, J.E., Reinerman-Jones, L., Barber, D., and Leis, R. Investigating workload measures in the nuclear domain. Proceedings of the Human Factors and Ergonomics Society 58th Annual Meeting, 205-209, 2014.

Metzger, U., and Parasuraman, R. Automation in future air traffic management: Effects of decision aid reliability on controller performance and mental workload. Human Factors 47(1): 35-49, 2005.

Minkov, Y., and Oron-Gilad, T. Display type effects in military operational tasks using UAV video images. Proceedings of the Human Factors and Ergonomics Society 53rd Annual Meeting, 71-75, 2009.

Moroney, W.F, Biers, D.W., and Eggemeier, F.T. Some measurement and methodological considerations in the application of subjective workload measurement techniques.International Journal of Aviation Psychology 5(1): 87-106, 1995.

Moroney, W.E., Biers, D.W., Eggemeier, F.T., and Mitchell, J.A. A comparison of two scoring procedures with the NASA Task Load Index in a simulated flight task. NAECON Proceedings, 734-740, 1992.

Moroney, W.F., Reising, J., Biers, D.W., and Eggemeier, D.W. The effect of previous level of workload on the NASA Task Load Index (TLX) in a simulated flight environment. Proceedings of the 7th International Symposium on Aviation Psychology, 882-890, 1993.

Mosaly, P.R., Mazur, L.M., Jackson, M., Chang, S.X., Deschesne Burkhardt, K., Jones, E.L., Xu, J., Rockwell, J., and Marks, L.B. Empirical evaluation of workload of the radiation oncology physicist during radiation treatment planning and delivery. Proceedings of the Human Factors and Ergonomics Society 55th Annual Meeting, 753-757, 2011.

Nataupsky, M., and Abbott, T.S. Comparison of workload measures on computer generated primary flight displays. Proceedings of the Human Factors Society 31st Annual Meeting, 548-552, 1987.

Newlin-Canzone, E.T., Scerbo, M.W, Gliva-McConvey, G., and Wallace, A. Attentional and mental workload demands in nonverbal communication. Proceedings of the Human Factors and Ergonomics Society 55th Annual Meeting, 1190-1194, 2011.

Nygren, T.E. Psychometric properties of subjective workload measurement techniques: Implications for their use in the assessment of perceived mental workload. Human Factors 33 (1): 17-33, 1991.

Panganiban, AR., Matthews, G., Funke, G., and Knott, B.A. Effects of anxiety on performance and workload in an air defense task. Proceedings of the Human Factors and Ergonomics Society 55th Annual Meeting, 909-913, 2011.

Peterson, D.A., and Kozhokar, D. Peak-end effects for subjective mental workload ratings. Proceedings of the Human Factors and Ergonomics Society Annual Meeting, 2052-2056, 2017.

Phillips, R.R., and Madhavan, P. The effect of simulation style on performance. Proceedings of the Human Factors and Ergonomics Society 56th Annual Meeting, 353-397, 2012.

Pierce, R.S. The effect of SPAM administration during a dynamic simulation. Human Factors 54(5): 838-848, 2012.

Riggs, A., Melloy, B.J., and Neyens, D.M. The effect of navigational tools and related experience on task performance in a virtual environment. Proceedings of the Human Factors and Ergonomics Society 58th Annual Meeting, 2378-2382, 2014.

Riley, J.M., and Strater, L.D. Effects of robot control mode on situational awareness and performance in a navigation task. Proceedings of the Human Factors and Ergonomics Society 50th Annual Meeting, 540-544, 2006.

Riley, V, Lyall, E., and Wiener, E. Analytic workload models for flight deck design and evaluation. Proceedings of the Human Factors and Ergonomics Society 38th Annual Meeting, 81-84, 1994.

Rodes, W., and Gugerty, L. Effects of electronic map displays and individual differences in ability on navigation performance. Human Factors 54(4): 589-599, 2012.

Rodriguez Paras, C., Yang, S, Tippey, K., and Ferris, T.K. Physiological indicators of the cognitive redline. Proceedings of the Human Factors and Ergonomics Society 59th Annual Meeting, 637-641, 2015.

Rubio, S, Diaz, E., Martin, J., and Puente, J.M. Evaluation of subjective mental workload: A comparison of SWAT, NASA-TLX, and Workload Profile Methods.Applied Psychology: An International Review 53(1): 61-86, 2004.

Ruff, H.A., Draper, M.H., and Narayanan, S. The effect of automation level and decision aid fidelity on the control of multiple remotely operated vehicles. Proceedings of the 1st Human Performance, Situation Awareness and Automation: User Centered Design for the New Millennium, 70-75, 2000.

Satterfield, K., Ramirez, R., Shaw, T., and Parasuraman, R. Measuring workload during a dynamic supervisory control task using cerebral blood flow velocity and the NASA-TLX. Proceedings of the Human Factors and Ergonomics Society 56th Annual Meeting, 163-167, 2012.

Sawyer, B.D., Finomore, V.S., Funke, GJ Mancuso, V.F., Funke, M.E., Matthews, G., and Warm, J.S. Cyber vigilance: Effects of signal probability and event rate. Proceedings of the Human Factors and Ergonomics Society 58th Annual Meeting, 1771-1775, 2014.

Scerra, V.E., and Brill, J.C. Effect of task modality on dual-task performance, response time, and rating of operator workload. Proceedings of the Human Factors and Ergonomics Society 56th Annual Meeting, 1456-1460, 2012.

Seidelman, W., Carswell, C.M., Grant, R.C., Sublette, M., Lio, C.H., and Seales, B. Interval production as a secondary task workload measure: Consideration of primary task demands for interval selection. Proceedings of the Human Factors and Ergonomics Society 56th Annual Meeting, 1664-1668, 2012.

Selcon SJ, Taylor, R.M., and Koritsas, E. Workload or situational awareness?: TLX vs. SART for aerospace systems design evaluation. Proceedings of the Human Factors Society 35th Annual Meeting, 62-66, 1991.

Sellers, B.C., Fincannon, T., and Jentsch, F. The effects of autonomy and cognitive abilities on workload and supervisory control of unmanned systems. Proceedings of the Human Factors and Ergonomics Society 56th Annual Meeting, 1039-1043, 2012.

Sellers, J., Helton, W.S., Naswall, K., Funke, G.L., and Knott, B.A. Development of the Team Workload Questionnaire. Proceedings of the Human Factors and Ergonomics Society 58th Annual Meeting, 989-993, 2014.

Shah, SJBliss, JP, Chancey, E.T., and Brill, J.C. Effects of alarm modality and alarm reliability on workload, trust, and driving performance. Proceedings of the Human Factors and Ergonomics Society 59th Annual Meeting, 1535-1539, 2015.

Sharek, D. A useable, online NASA-TLX tool. Proceedings of the Human Factors and Ergonomics Society 55th Annual Meeting, 1375-1379, 2011.

Shaw, T.H., Satterfield, K., Ramirez, R., and Finomore, V. A comparison of subjective and physiological workload assessment techniques during a 3-dimensional audio vigilance task. Proceedings of the Human Factors and Ergonomics Society 56th Annual Meeting, 1451-1455, 2012.

Stark, J.M., Comstock, J.R., Prinzel, L.J., Burdette, D.W., and Scerbo, M.W. A preliminary examination of situation awareness and pilot performance in a synthetic vision environment. Proceedings of the Human Factors and Ergonomics Society 45th Annual Meeting, 40-43, 2001.

Strang, A.J., Funke, G.J., Knott, B.A., Galster, S M., and Russell, S.M. Effects of cross-training on team performance, communication, and workload in simulated air battle management. Proceedings of the Human Factors and Ergonomics Society 56th Annual Meeting, 1581-1585, 2012.

Strybel, T.Z., Vu, K.L., Chiappe, D.L., Morgan, C.A., Morales, G., and Battiste, V.Effects of NextGen concepts of operation for separation assurance and interval management on Air Traffic Controller situation awareness, workload, and performance. International Journal of Aviation Psychology 26(1-2): 1-14, 2016.

Sturrock, F, and Fairburn, C. Measuring pilot workload in single and multi-crew aircraft. Measuring pilot workload in a single and multi-crew aircraft. Contemporary Ergonomics 2005: Proceedings of the International Conference on Contemporary Ergonomics, 588-592, 2005.

Sublette, M., Carswell, CM., Grant, R., Seidelman, G.W., Clarke, D., and Seales, WB. Anticipating workload: Which facets of tack difficulty are easiest to predict? Proceedings of the Human Factors and Ergonomics Society 54th Annual Meeting, 1704-1708, 2010.

Sublette, M., Carswell, C.M., Han, Q, Grant, R., Lio, C.H., Lee, G., Field, M., Staley, D., Sea les, W.B., and Clarke, D. Dual-v iew displays for minimally invasive surgery: Does the addition of a 30 glob al view decrease mental workload? Proceedings of the Human Factors and Ergonomics Society 54th Annual Meeting, 1581-1585, 2010.

Suble tte, M, Carswell, C.M., Seidelman, W., Grant, R., Han, W, Field, M., Lio, C.H., Lee, G., Seales, W.B., and Clarke, D. Do operators take advantage of a secondary, global-perspective display when performing a simulated laparoscopic search task? Proceedings of the Human Factors and Ergonomics Society 55th Annual Meeting, 1626-1630, 2011.

Svensson, E., Angelborg-Thanderz, M., Sjoberg, L., and Olsson, S. Information complexity-Mental workload and performance in combat aircraft. Ergonomics 40(3): 362-380, 1997.

Szalma, J.L. lndividual difference in the stress and workload of sustained attention. Proceedings of the Human Factors and Ergonomics Society 46th Annual Meeting, 1002-1006, 2002.

Szalma, J.L., and Teo, G.W.L. The joint effect of task characteristics and neuroticism on the performance, worklo ad, and stress of signal detection. Proceedings of the Human Factors and Ergonomics Society 54th Annual Meeting, 1052-1056, 2010.

Szalma, J.L., Warm, J.S., Matthews, G., Dember, W.N., Weiler, E.M., Meier, A., and Eggemeier, F. T. Effects of sensory modality and task duration on performance, workload, and stress in sustained attention. Human Factors 46(2): 219-233, 2004.

Szczerba, J., Hersberger, R., and Mathieu, R. A wearable vibrotactile display for automotive route guidance: Evaluating usability, workload, performance and preference. Proceedings of the Human Factors and Ergonomics Society 59th Annual Meeting, 1027-1031, 2015.

Temple, JG, Warm, J.S, Dember, W.N., Jones, K.S., LaGrange, C.M., and Matthews, G. The effects of signal salience and caffeine on performance, workload, and stress in an abbreviated vigilance task. Human Factors 42(2): 183-194, 2000.

Teo, G.W., Schmidt, T.N., Szalma, J.L., Hancock, G.M., and Hancock, P.A. The effects of feedback in vigilance training on performance, workload, stress and coping. Proceedings of the Human Factors and Ergonomics Society 57th Annual Meeting, 1119-1123, 2013.

Teo, G.W.L., and Szalma, J.L. The effect of spatial and temporal task characteristics on performance, workload, and stress. Proceedings of the Human Factors and Ergonomics Society 54th Annual Meeting, 1699-1703, 2010.

Teo, G., and Szalma, J.L. The effects of task type and source complexity on vigilance performance, workload, and stress. Proceedings of the Human Factors and Ergonomics Society 55th Annual Meeting, 1180-1184, 2011.

Tsang, P.S., and Johnson, W. Automation: Changes in cognitive demands and mental workload. Proceedings of the 4th Symposium on Aviation Psychology, 616-622, 1987.

Tsang, P.S., and Johnson, W.W. Cognitive demands in automation. Aviation, Space, and Environmental Medicine 60: 130-135, 1989.

Vidulich, M.A., and Bortolussi, M.R. Control configuration study. Proceedings of the American Helicopter Society National Specialist's Meeting: Automation Application for Rotorcraft, 20-29, 1988a.

Vidulich, M.A., and Bortolussi, M.R. Speech recognition in advanced rotorcraft: Using speech controls to reduce manual control overload. Proceedings of the National Specialists' Meeting Automation Applications for Rotorcraft, 20-30, 1988b.

Vidulich, M.A., and Pandit, P. Individual differences and subjective workload assessment: Comparing pilots to nonpilots. Proceedings of the International Symposium on Aviation Psychology, 630-636, 1987.

Vidulich, M.A., and Tsang, P.S. Assessing subjective workload assessment: A comparison of SWAT and the NASA-bipolar methods. Proceedings of the Human Factors Society 29th Annual Meeting, 71-75, 1985.

Vidulich, M.A., and Tsang, P.S. Absolute magnitude estimation and relative judgment approaches to subjective workload assessment. Proceedings of the Human Factors Society 31st Annual Meeting,

1057-1061, 1987.

Vu, K.P.L., Minakata, K., Nguyen, J., Kraut, J., Raza, H., Battiste, V., and Strybel, T.Z. Situation awareness and performance of student versus experienced Air Traffic Controllers. In M.J. Smith and G. Salvendy (Eds.) Human Interface (p. 865-874).Berlin: Springer-Verlag, 2009.

Warvel, L., and Scerbo, M.W. Measurement of mental workload changes during laparoscopy with a visual-spatial task. Proceedings of the Human Factors and Ergonomics Society 59th Annual Meeting, 503-507, 2015.

Weber, F., Haering, C., and Thomaschke, R. Improving the human-computer dialog with increased temporal predictability. Human Factors 55(5): 881-892, 2013.

Willems, B., and Heiney, M. Decision Support Automation Research in the En Rout e Air Traffic Control Environment (D0T/FA A/CT-TN01/10). Atlantic City International Airport, NJ: Federal Aviation Admini stration William J. Hughes Technical Center, January 2002.

Windell, D., Wiebe, E., Conve rse -Lane, S., and Beith, B. A comparison of two mental workload instruments in multimedia instruction. Proceedings of the Human Factors and Ergonomics Society 50th Annual Meeting, 1764-1768, 2006.

Wright, J.L., Chen, J.Y.C., Barnes, M.J., and Hancock, P.A Agent reasoning transparency's effect on operator workload. Proceedings of the Human Factors and Ergonomics Society 60th Annual Meeting, 249-253, 2016.

Yu, D., Abdelrahman, A.M., Buckarma, E.N.H., Lowndes, B.R., Gas, B.L., Finnesgard, E.J., Abdelsattar, J.M., Pandian, T.K., Khatib, M.E., Fadey D. R., and Halbeck, S. Mental and physical workloads in a competitive laparoscopic skills training environment: A pilot study. Proceedings of the Human Factors and Ergonomics Society 59 th Annual Meeting, 508-512, 2015.

2.3.3.12　心境状态量表

概述：心境状态量表（POMS）的简短版（Shachem，1983）包含了对紧张、抑郁、愤怒、精力、疲劳和困惑的自评式测量，已被用作工作负荷的评估工具。

优势和局限性：POMS 的信度和效度已经过了大量研究验证。例如，McNair 和 Lorr（1964）报告了 6 个因素的重测信度介于 0.61 ~ 0.69。文献回顾发现 POMS 有较高的灵敏度和信度（Norcross et al，1984）。Constantini 等（1971）报告了 POMS 和心理筛查表（Psychological Screening Inventory，PSI）得分呈显著正相关，从而对效度进行了验证。Pollock 等（1979）将 8 名健康男性的 POMS 量表得分与生理指标进行了相关分析，发现紧张和抑郁评分与心率显著相关（分别为 0.75 和 0.76），与舒张压也显著相关（分别为 –0.71 和 0.72），愤怒评分也与心率显著相关（0.70）。

POMS 已广泛用于心理治疗研究（如 Haskell et al，1969；Lorr et al，1961；McNair et al，1965；Pugatch et al，1969）和药物研究（如 Mirin et al，1971；Nathan et al，1970a，1970b；Pillard 和 Fisher，1970）。

Storm 和 Parke（1987）使用 POMS 评估了一种睡眠诱导药物（替马西泮）对 EF-111 机组人员情绪的影响。正如预期的那样，6 个分量表中的任何一个分量表得分均未发现受到药物的显著影响。Gawron 等（1988）要求被试者在飞行 1.75 小时后完成 POMS，机组人员职位对精力或疲劳评分没有显著影响。然而，任职顺序对疲劳有显著影响，首先担任机长的被试者，其工作负荷评分（2.7 分）高于首先担任副驾驶员的被试者（1.3 分）。

Harris 等（1995）未发现手动和自动追踪任务组被试者的疲劳评分差异。

数据要求：POMS 需要大约 10 分钟才能完成，并且需要硬质的书写表面。POMS 可从加利福尼亚州圣地亚哥的教育和工业测试服务中心获得。

阈值：未说明。

原书参考文献

Costantini, A.F., Braun, J.R., Davis, J.E., and Iervolino, A. The life change inventory: A device for quantifying psychological magnitude of changes experienced by college students. Psychological Reports 34(3, Pt. 1): 991-1000, 1971.

Gawron, V.J., Schiflett, S., Miller, J., Ball, J., Slater, T., Parker, F, Lloyd, M., Travale, D., and Spicuzza, R.J. The Effect of Pyridostigmine Bromide on In-Flght Aircrew Performance (USAFSAM-TR-87-24). Brooks Air Force Base, TX: School of Aerospace Medicine, January 1988.

Harris, W.C., Hancock, P.A., Arthur, E.J., and Caird, J.K. Performance, workload, and fatigue changes associated with automation. International Journal of Aviation Psychology 5(2): 169-185, 1995.

Haskell, D.H., Pugatch, D., and McNair, D.M. Time-limited psychotherapy for whom? Archives of General Psychiatry 21: 546-552, 1969.

Lorr, M., McNair, D.M., Weinstein, G.J., Michaux, W.W., and Raskin, A. Meprobromate and chlorpromazine in psychotherapy Archives of General Psychiatry 4: 381-389 1961.

McNair, D.M., Goldstein, A.P, Lorr, M., Cibelli, L.A., and Roth, I. Some effects of chlordiazepoxide and meprobromate with psychiatric outpatients. Psychopharmacologia 7: 256-265, 1965.

McNair, D.M., and Lorr, M. An analysis of mood in neurotics. Journal of Abnormal Psychology 69: 620-627, 1964.

Mirin, S.M., Shapiro, L.M., Meyer, R.E., Pillard, R.C., and Fisher, S. Casual versus heavy use of marijuana: A redefinition of the marijuana problem. American Journal of Psychiatry 172: 1134-1140, 1971.

Nathan, PF., Titler, N.A., Lowenstein, L.M., Solomon, P., and Rossi, A.M. Behavioral analyses of chronic alcoholism: Interaction of alcohol and human contact. Archives of General Psychiatry 22: 419-430, 1970a.

Nathan, P.F., Zare, N.C., Ferneau, E.W., and Lowenstein, L.M. Effects of congener differences in alcohol beverages on the behavior of alcoholics. Quarterly Journal on Studies of Alcohol. Supplement Number 5: 87-100, 1970b.

Norcross, J.C., Guadagnoli, E., and Prochaska, J.O. Factor structure of the profile of mood states (POMS): Two partial replications. Journal of Clinical Psychology 40: 1270-1277, 1984.

Pillard, R.C., and Fisher, S. Aspects of anxiety in dental clinic patients. Journal of the American Dental Association 80: 1331-1334, 1970.

Pollock, V, Cho, D.W, Reker, D., and Volavka, J. Profile of mood states: The factors and their correlates. Journal of Nervous Mental Disorders 167: 612-614, 1979.

Pugatch, D., Haskell, D.H., and McNair, D.M. Predictors and patterns of change associated with the course of time limited psychotherapy (Mimeo Report), 1969.

Shachem, A. A shortened version of the profile of mood states. Journal of Personality Assessment, 47: 305-306, 1983.

Storm, W.F., and Parke, R.C. FB-lllA aircrew use of temazepam during surge operations.Proceedings of NATO Advisory Group for Aerospace Re search and Development (AGARD) Biochemical Enhancement of Performance Conference (Paper No.415, p.12-1-12-12). Neuilly-sur-Seine, France: AGARD, 1987.

2.3.3.13 工作负荷主观评估技术

概述：工作负荷主观评估技术（SWAT）整合了三个分量表的评分（表 2.27），用于工作负荷评估。这些分量表是：①时间负荷，它反映了在计划、执行和监控任务中可用的空闲时间量；②脑力负荷，它评估执行任务需要多少有意识的脑力活动和计划；③心理应激负荷，衡量风险、困惑、沮丧和与任务绩效相关的焦虑。Reid 和 Nygren（1988）给出了更完整的描述。Nygren（1982，1983）描述了 SWAT 的联合测量模型。

优势和局限性：SWAT 已被发现是有效（Albery et al，1987；Haworth et al，1986；Masline，1986；Reid et al，1981a，1981b；Vidulich 和 Tsang，1985，1987；Warr et al，1986）、灵敏（Eggemeier et al，1982）、可靠（Corwinet al，1989；Gidcomb，1985）和相对不引人注目（Crabtree et al，1984；Courtright 和 Kuperman，1984；Eggemeir，1988）的工作负荷测量工具。此外，SWAT 评估不受长达 30 分钟延迟时间的影响（Eggemeier et al，1983），也不受困难任务外的所有其他干预任务的影响（Egtemeier et al，1984；Lutmer 和 Eggemeier，1990）。Moroney 等（1995）发现了类似的结果。此外，Eggleston（1984）发现，在系统概念评估中的 SWAT 评分与同一系统在地面模拟过程中的评分之间具有显著相关性。

表 2.27 工作负荷主观评估技术

时间负荷
1. 经常有空闲时间。偶尔或根本没有活动中断或重叠。
2. 有时会有空闲时间。经常出现活动中断或重叠。
3. 几乎从未有过空闲时间。经常发生或总是发生活动中断或重叠。
脑力负荷
1. 几乎不需要有意识的脑力付出或专注。活动几乎是自动的，不需要注意或稍加注意即可。
2. 需要中等的有意识的脑力付出或专注。由于不确定性、不可预测性和相似度低，活动的复杂性较高，需要相当大程度的专注。
3. 大量的脑力付出和专注是必需的。活动非常复杂，要求全神贯注。
心理应激负荷
1. 困惑、风险、挫折感或焦虑程度低，很容易适应。
2. 由于工作负荷增加，滋生困惑、沮丧或焦虑，导致产生较强的心理应激。保持良好绩效需要大量补偿。
3. 由于困惑、沮丧或焦虑而产生强烈的应激。需要高至极高的自我控制能力（Potter 和 Bressler，1989）。

Warr（1986）报告，SWAT 的评分比库珀－哈珀修订量表的评分变异更小。Kilmer 等（1988）报告，SWAT 对追踪任务难度的变化比库珀－哈珀修订量表更敏感。Nygren（1991）指出，SWAT 提供了一个很好的工作负荷认知模型，对个体差异很敏感。然而，Anthony 和 Biers（1997）发现，总体工作负荷量表和 SWAT 评分之间没有差异，该项研究的实验任务是要求 48 名心理学学生完成记忆回忆任务。

SWAT 已经在多种场景中使用，如试验飞机（Papa 和 Stoliker，1988），高过载离心机（Albery et al，1985；Albery，1989），指挥、控制和通信中心（Crabtree et al，1984），核电站（Beare 和 Dorris，1984），圆顶飞行模拟器（Reid et al，1982；Skelly 和 Simons，1983），坦克模拟器（Whitaker et al，1989），以及良性实验室环境（Graham 和 Cook，1984；Kilmer et al，1988）。

在实验室里，SWAT 已被用于评估关键追踪和通信任务（Reid et al，1981a）、记忆任务（Eggemeier et al，1982；Eggemeir 和 Stadler，1984；Potter 和 Acton，1985）和监控任务（Notestine，1984）相关的工作负荷。Hancock 和 Caird（1993）报告，随着目标的收缩率下降和从光标到目标的步数增加，SWAT 的评分显著增加。在视觉选择反应时任务中，Cassenti 等（2011）报告，SWAT 得分随着并行任务数量的增加和刺激呈现时间的减少而线性增加。

SWAT 在模拟飞行中的应用广泛（Haworth et al，1986；Nataupsky 和 Abbott，1987；Schick 和 Hann，1987；Skelly 和 Purvis，1985；Skelly et al，1983；Thiessen et al，1986；Ward 和 Hassoun，1990），在军用飞行模拟器中的应用也非

常广泛。例如，Bateman 和 Thompson（1986）报告，SWAT 的评分随着任务难度的增加而增加。他们的数据是在飞行模拟器上基于一次战术任务采集的。Vickroy（1988）也使用了飞机模拟器，其报告称，SWAT 的评分随空气紊流的增加而增加。Fracker 和 Davis（1990）报告，随着模拟敌机数量从 1 架增加到 3 架，SWAT 的分数显著增加。Hankey 和 Dingus（1990）报告，SWAT 对任务时间和疲劳的变化很敏感。Hancock 等（1995）报告，SWAT 得分与模拟飞行任务的难度高度相关。然而，See 和 Vidulich（1997）报告了目标类型和威胁状态对战斗机模拟器中 SWAT 得分的显著影响。SWAT 与总工作负荷没有显著相关性，但有两个分量表与峰值工作负荷相关（努力，r=0.78；压力，r=0.76）。Vidulich（1991）报告，追踪、选择反应时和斯滕伯格记忆任务的 SWAT 评分，其重测信度为 0.606。

Arbak 等（1984）根据 B-52 飞行员和副驾驶员的任务绩效，以反思的方式应用了 SWAT。作者得出结论，当采用二对一访谈技术时，这种反思方式是有用的，原始情况做了详尽描述，飞行阶段的边界容易分辨。Kuperman 和 Wilson（1985）在系统设计的早期就有计划地应用了 SWAT。

SWAT 在实际飞行中的使用也很广泛。例如，Pollack（1985）使用 SWAT 评估不同飞行阶段的工作负荷。其结果表明，C-130 飞行员在任务的进近阶段，SWAT 得分最高。在战术任务的飞行前任务规划阶段，SWAT 的评分更高，而不是任务执行中或已经精通该任务时。Haskell 和 Reid（1987）发现，飞行演习之间以及成功完成的演习和未成功完成的演习之间的 SWAT 评分存在显著差异。Gawron 等（1988）分析了飞行员和副驾驶员在每次熟悉情况和数据的飞行过程中的四次 SWAT 评分：①滑行至跑道；②模拟空投之前；③模拟空投之后；④滑行回机库期间。结果发现 SWAT 评分存在显著的阶段效应。SWAT 评分在空投前最高，在飞行前最低。空投后和飞行后的评分均为中等。

然而，SWAT 的应用经验并非都是积极的。例如，Boyd（1983）报告，在文本编辑任务中 SWAT 3 个分量表之间存在显著的正相关性，表明工作负荷的 3 个维度并不独立。这反过来又给联合测量技术的使用带来了问题。此外，Derrick（1983）和 Hart（1986）提出，3 个分量表可能不足以评估工作负荷。在研究这 3 个量表时，Biers 和 Masline（1987）比较了 3 种 SWAT 的替代分析方法：联合分析、3 个分量表的简单求和、加权线性组合。他们报告，单个量表对不同的任务需求有不同的敏感性。Masline 和 Biers（1987）还报告，在相同的时间间隔内，与使用 SWAT 相比，使用幅度估计法得到的任务前工作负荷预测得分和任务后工作负荷评分之间的相关性更高。此外，Battiste 和 Bortolussi（1988）报告，SWAT 的重测信度为 0.751，但也指出在一次模拟 B-727 飞行中收集的 144 次 SWAT 评分，其中 59 次为零。在商用飞机运营中，Corwin（1989）报告，对于 3 种飞行条件，只在两种条件下 SWAT 的飞行中和飞行后评分没有差异。

还有其他不一致的结果。例如，Haworth 等（1986）报告，尽管 SWAT 能够在单个飞行员条件下区分控制配置条件，但它无法在飞行员 / 副驾驶员组合条件下区分这些相同的控制配置条件。Wilson 等（1990）报告，不同显示模式的 SWAT 评分与飞行员主观意见相比没有显著差异。van de Graaff（1987）报告，在进场任务的飞行过程中，SWAT 评分的被试间差异很大（最大达到 60 分）。Hill 等（1992）报告，以军事人员为被试群体的研究发现，SWAT 对工作负荷的敏感性不如 NASA-TLX 和总体工作负荷量表。

Vidulich 和 Tsang（1986）报告，SWAT 在追踪和方向转换任务的双重任务绩效中未能检测到资源竞争效应。Rueb 等（1992）报告，在 3 次困难的模拟空中加油任务中，只有一次 SWAT 得分超过 40 分。

Vidulich 和 Pandit（1987）得出结论，SWAT 不是衡量个体差异的有效方法。这一结论是基于 SWAT 与詹金斯活动调查表、罗特控制点、认知失败问卷、认知干扰问卷、想法出现问卷、加州 Q 型和迈尔斯 – 布里格斯类型指标（MBTI）等得分之间均无显著相关而得出的。

Reid（1985）提示，当工作负荷从中等到高等时，SWAT 是最敏感的。Acton 和 Rokicki（1986）调查了空军测试和评估中心的 SWAT 用户，并建议制定用户指南，以帮助培训评分者。此外，他们还建议制定任务选择指南和处理小数据集的方法。此外，Nygren 等（1998）报告，个体对 SWAT 维度的加权方式会影响他们的工作负荷评分。该项研究的被试者为 124 名心理学入门学生，他们根据 SWAT 维度的权重被分为 6 个小组。

Svensson 等（1997）报告，在模拟低空高速飞行的 18 名飞行员中，SWAT 的信度为 0.74。与贝德福德工作负荷量表的相关性为 0.687，与 NASA-TLX 的相关性为 –0.735。Rubio 等（2004）报告，与工作负荷情况（WP）相比，SWAT 对单任务和双重任务的工作负荷差异的敏感性较低。该项研究的被试者为 36 名心理学学生，他们完成斯滕伯格记忆搜索任务和（或）追踪任务。在单任务条件下，记忆组大小或路径宽度对追踪任务的 SWAT 评分没有显著影响。在双重任务中，只有路径宽度对 SWAT 评分有显著影响。

Morgan 和 Hancock（2010）使用简版 SWAT（S-SWAT）测量模拟器的驾驶员工作负荷。S-SWAT 有 3 个分量表：时间、脑力付出和心理应激，每个分量表的范围为

0 ~ 100。这 3 个分数的未加权平均值被用来衡量脑力负荷。作者报告，驾驶过程中的工作负荷显著增加，然后略有减少。导航系统出现故障时，工作负荷最高。在单独观察分量表得分时，时间需求得分与 3 个分量表分数的平均值所反映的工作负荷变化趋势一致。脑力付出在驾驶过程中也显著提高，但在驾驶结束时并没有降低，心理应激也有类似的结果。

阈值：最小值为 0，最大值为 100。高工作负荷与最大值相关联。此外，时间、脑力付出和心理应激分量表可以作为工作负荷的组成部分单独检查（Eggemeier et al，1983）。Colle 和 Reid（2005）报告的临界值为 41.1，Reid 和 Colle（1988）建议临界值在 40 ± 10 范围内。

数据要求：SWAT 使用分两个步骤，即量表开发和事件评分。量表开发要求被试者由低到高对 3 个分量表的 3 个水平共 27 种组合进行排序。Reid 等（1982）描述了他们在量表开发过程中的个体差异。Wright Patterson 空军基地的空军研究实验室提供了每一种评分组合的 SWAT 分数的计算程序。用户手册也可从同一来源获得。

在事件评分过程中，要求被试者对每个分量表进行评分（1、2、3）。然后，实验者将评分集映射到量表开发步骤中所计算的 SWAT 分数（1 ~ 100）。Haskell 和 Reid（1987）认为，要评分的任务对被试者来说是有意义的，而且评分不会干扰任务的执行。Acton 和 Colle（1984）报告，分量表评分的顺序不会影响 SWAT 评分，但建议顺序保持不变，以尽量减少混淆。Eggleston 和 Quinn（1984）建议为评分做出详细的有关系统和操作环境的描述。最后，Biers 和 Mcinerney（1988）报告，卡片分类不会影响任务工作负荷评定，因此进行 SWAT 评分可能是没有必要的。

Luximon 和 Goonetilleke（2001）将传统的 SWAT 与五种变式版本进行了比较。变式版本使用了连续的 SWAT 分量表，但对分量表进行了成对比较。这五种变式版本分别为：离散 SWAT 维度、最小权重等于零的连续 SWAT 维度、最小权重为非零的连续 SWAT 维度、相等权重的连续 SWAT 维度，以及基于主成分分析的具有权重的连续 SWAT 维度。根据 15 名被试者在不同难度下进行数学运算的数据，研究者得出结论，传统的 SWAT 对工作负荷和同等权重最不敏感，而对主成分变式最敏感。

Gidcomb（1985）报告了随意性卡片分类，并强调卡片分类对 SWAT 评分者的重要性。空军航空航天医学院开发了一种传统卡片分类的计算机化版本。这个版本消除了烦琐，大大减少了 SWAT 卡片分类的时间。

原书参考文献

Acton, W., and Colle, H. The effect of task type and stimulus pacing rate on subjective mental workload ratings. Proceedings of the IEEE 1984 National Aerospace and Electronics Conference, 818-823, 1984.

Acton, W.H., and Rokicki, S.M. Survey of SWAT use in operational test and evaluation. Proceedings of the Human Factors Society 30th Annual Meeting, 1221-1224, 1986.

Albery, W. B. The effect of sustained acceleration and noise on workload in human operators. Aviation, Space, and Environmental Medicine 6(10): 943-948, 1989.

Alber W., Repperger, D, Reid, G., Goodyear, C., and Roe, M. Effect of noise on a dual task: Subjective and objective workload correlates. Proceedings of the National Aerospace and Electronics Conference, 1457-1463, 1987.

Albery, W.B., Ward, S.L., and Gill, R.T. Effect of acceleration stress on human work-load (Technical Report AMRL-TR-85-039). Wright-Patterson Air Force Base, OH: Aerospace Medical Research Laboratory, May 1985.

Anthony, C.R., and Biers, D.W. Unidimensional versus multidimensional workload scales and the effect of number of rating scale categories. Proceedings of the Human Factors and Ergonomics Society 41st Annual Meeting, 1084-1088, 1997.

Arbak, C.J., Shew, R.L., and Simons, J.C. The use of reflective SWAT for workload assessment. Proceedings of the Human Factors Society 28th Annual Meeting, 959-962, 1984.

Bateman, R.P, and Thompson, M.W. Correlation of predicted workload with actual workload using the subjective workload assessment technique. Proceedings of the SAE AeroTech Conference, 1986.

Battiste, V., and Bortolussi, M.R. Transport pilot workload: A comparison of two subjective techniques. Proceedings of the Human Factors Society 32nd Annual Meeting, 150-154, 1988.

Beare, A., and Dorris, R. The effects of supervisor experience and the presence of a shift technical advisor on the performance of two-man crews in a nuclear power plant simulator. Proceedings of the Human Factors Society 28th Annual Meeting, 242-246, 1984.

Biers, D.W, and Masline, P.J. Alternative approaches to analyzing SWAT data. Proceedings of the Human Factors Society 31st Annual Meeting, 63-66, 1987.

Biers, D.W., and Mcinerney, P. An alternative to measuring subjective workload: Use of SWAT without the card sort. Proceedings of the Human Factors Society 32nd Annual Meeting, 1136-1139, 1988.

Boyd, S.P.Assessing the validity of SWAT as a workload measurement instrument. Proceedings of the Human Factors Society 27th Annual Meeting, 124-128, 1983.

Cassenti, D.N., Kelley, T.D., Colle, H.A., and McGregor, E.A. Modeling performance measures and self-ratings of workload in a visual scanning task. Proceedings of the Human Factors and Ergonomics Society 55th Annual Meeting, 870-874, 2011.

Colle, H. A., and Reid, G.B. Estimating a mental workload redline in a simulated air-to-ground combat mission. Th e International Journal of Aviation Psychology 15(4): 303-319, 2005.

Corwin, W.H. In-flight and post-flight assessment of pilot workload in commercial transport aircraft using SWAT. Proceedings of the 5th Symposium on Aviation Psychology, 808-813, 1989.

Corwin, W.H., Sandry-Garza, D.L., Biferno, M.H, Boucek, G.P, Logan, A.L., Jonsson, J.E., and Metalis, S.A. Assessment of Crew Workload Measurement Methods, Techniques, and Procedures. Volume I-Process Methods and Results(WRDC-TR-89-7006). Wright-Patterson Air Force Base, OH, September 1989.

Courtright J.P., and Kuperman, G. Use of SWAT in USAF system T&E. Proceedings of the Human Factors Society 28th Annual Meeting, 700-703, 1984.

Crabtree, M.A., Bateman, RP, and Acton, W. Benefits of using objective and subjective workload measures. Proceedings of the Human Factors Society 28th Annual Meeting, 950-953, 1984.

Derrick, W.L. Examination of workload measures with subjective task clusters.Proceedings of the Human Factors Society 27th Annual Meeting, 134-138, 1983.

Eggemeier F.T. Properties of workload assessment techniques. In P.A. Hancock and N. Meshtaki (Eds.) Human Mental Workload (p. 41-62). Amsterdam: North Holland, 1988.

Eggemeier, F.T., Crabtree, M.S., and LaPointe, P. The effect of delayed report on subjective ratings of mental workload. Proceedings of the Human Factors Society 27th Annual Meeting, 139-143, 1983.

Eggemeier, F.T., Crabtree, M.S., Zingg, J.J., Reid, G.B., and Shingledecker, C.A. Subjective workload assessment in a memory update task. Proceedings of the Human Factors Society 26th Annual Meeting, 643-647, 1982.

Eggemeier, F.T., McGhee, J.Z., and Reid, G.B. The effects of variations in task loading on subjective workload scales. Proceedings of the IEEE 1983 National Aerospace and Electronics Conference, 1099-1106, 1983.

Eggemeier, F.T., Melville, B, and Crabtree, M. The effect of intervening task performance on subjective workload ratings. Proceedings of the Human Factors Society 28th Annual Meetings, 954-958, 1984.

Eggemeier, F.T., and Stadler, M. Subjective workload assessment in a spatial memory task. Proceedings of the Human Factors Society 28th Annual Meeting, 680-684, 1984.

Eggleston, R.G. A comparison of projected and measured workload ratings using the subjective workload assessment technique (SWAT). Proceedings of the National Aerospace and Electronics Conference, 827-831, 1984.

Eggleston, R.G., and Quinn, T.J. A preliminary evaluation of a projective workload assessment procedure. Proceedings of the Human Factors Society 28th Annual Meeting, 695-699, 1984.

Fracker, M.L., and Davis, S.A. Measuring operator situation awareness and mental workload. Proceedings of the 5th Mid-Central Ergonomics/Human Factors Conference, 23-25, 1990.

Gawron, VJ., Schiflett, S, Miller, J., Ball, J., Slater, T., Parker, F., Lloyd, M., Travale, D., and Spicuzza, R.J. The Effect of Pyridostigmine Bromide on In-Flight Aircrew Performance (USAFSAM-TR-87-24).

Brooks Air Force Base, TX: School of Aerospace Medicine, January 1988.

Gidcomb, C. Survey of SWAT Use in Flight Test (BDM/A-85-0630-7R). Albuquerque, NM: BDM Corporation, 1985.

Graham, C.H., and Cook, M.R. Effects of Pyridostigmine on Psychomotor and Visual Performance (AFAMRL-TR-84-052) Wright-Patterson Air Force Base, OH: Armstrong Aerospace Medical Research Laboratory, September 1984.

Hancock, P.A., and Caird, J.K. Experimental evaluation of a model of mental workload. Human Factors 35(3): 413-419, 1993.

Hancock, P.A., Williams, G., Manning, C.M., and Miyake, S. Influence of task demand characteristics on workload and performance. International Journal of Aviation Psychology 5(1): 63-86, 1995.

Hankey, J.M., and Dingus, T.A. A validation of SWAT as a measure of workload induced by changes in operator capacity. Proceedings of the Human Factors Society 34th Annual Meeting, 113-115, 1990.

Hart, S.G. Theory and measurement of human workload. In J. Seidner (Ed.) Human Productivity Enhancement (vol.1, p.396-455). New York: Praeger, 1986.

Haskell, B.E., and Reid, G.B. The subjective perception of workload in low-time private pilots: A preliminary study. Aviation, Space, and Environmental Medicine 58: 1230-1232, 1987.

Haworth, L.A., Bivens, C.C., and Shively, R.J. An investigation of single-piloted advanced cockpit and control configuration for nap-of-the-earth helicopter mission tasks. Proceedings of the 42nd Annual Forum of the American Helicopter Society, 657-671, 1986.

Hill, S.G., Iavecchia, H.P, Byers, J.C., Bittner, A.C., Zaklad, A.L., and Christ, R.E. Comparison of four subjective workload rating scales. Human Factors 34: 429-439, 1992.

Kilmer, K.J., Knapp, R., Burdsal, C., Borresen, R., Bateman, R.P, and Malzahn, D. A comparison of the SWAT and modified Cooper-Harper scales. Proceedings of the Human Factors 32nd Annual Meeting, 155-159, 1988.

Kuperman, G.G., and Wilson, D.L. A workload analysis for strategic conventional standoff capability missions. Proceedings of the Human Factors Society 29th Annual Meeting, 635-639, 1985.

Lutmer, P.A., and Eggemeier.F.T. The effect of intervening task performance and multiple ratings on subjective ratings of mental workload. Paper presented at the 5th Mid-Central Ergonomics Conference, University of Dayton, Dayton, OH, 1990.

Luximon, A., and Goonetilleke, R.S. Simplified subjective workload assessment technique. Ergonomics 44(3): 229-243, 2001.

Masline, P.J. A comparison of the sensitivity of interval scale psychometric techniques in the assessment of subjective mental workload. Unpublished master's thesis, University of Dayton, Dayton, OH, 1986.

Masline, P.J., and Biers, D.W. An examination of projective versus post-task subjective workload ratings for three psychometric scaling techniques. Proceedings of the Human Factors Society 31st Annual Meeting, 77-80, 1987.

Morgan, J.F., and Hancock, P.A. The effect of prior task loading on mental workload: An example of hysteresis in driving. Human Factors 53(1): 75-86, 2010.

Moroney, W.F., Biers, D.W., and Eggemeier, F.T. Some measurement and methodological considerations in the application of subjective workload measurement techniques. International Journal of Aviation Psychology 5(1): 87-106, 1995.

Nataupsky, M., and Abbott, T.S. Comparison of workload measures on computer generated primary flight displays. Proceedings of the Human Factors Society 31st Annual Meeting, 548-552, 1987.

Notestine, J. Subjective workload assessment and effect of delayed ratings in a probability monitoring task. Proceedings of the Human Factors Society 28th Annual Meeting, 685-690, 1984.

Nygren, T.E. Conjoint Measurement and Conjoint Scaling: A User 'S Guide (AFA MRL-TR-82-22). Wright-Patterson Air Force Base, OH: Aerospace Medical Research Laboratory, April 1982.

Nygren, T.E. Investigation of an Error Theory for Conjoint Measurement Methodology (763025/714404). Columbus, OH: Ohio State University Research Foundation, May 1983.

Nygren, T.E. Psychometric properties of subjective workload measurement techniques: Implications for their use in the assessment of perceived mental workload. Human Factors 33: 17-33, 1991.

Nygren, T.E., Schnipke, S, and Reid, G. Individual differences in perceived importance of SWAT workload dimensions: Effects on judgment and performance in a virtual high workload environment. Proceedings of the Human Factors and Ergonomics Society 42nd Annual Meeting, 816-820, 1998.

Papa, R.M., and Stoliker, J.R. Pilot Workload Assessment: A Flight Test Approach. Washington, DC: American Institute of Aeronautics and Astronautics, 88-2105, 1988.

Pollack, J. Project Report: An Investigation of Air Force Reserve Pilots' Workload. Dayton, OH: Systems Research Laboratory, November 1985.

Potter, S.S., and Acton, W. Relative contributions of SWAT dimensions to overall subjective workload ratings. Proceedings of 3rd Symposium on Aviation Psychology, 231-238, 1985.

Potter, S.S., and Bressler, J.R. Subjective Workload Assessment Technique (SWAT): A User 's Guide. Wright-Patterson Air Force Base, OH: Armstrong Aerospace Medical Research Laboratory, July 1989.

Reid, G.B. Current status of the development of the Subjective Workload Assessment Technique. Proceedings of the Human Factors Society 29th Annual Meeting, 220-223, 1985.

Reid, G.B., and Colle, HA. Critical SWAT values for predicting operator workload. Proceedings of the Human Factors Society 32nd Annual Meeting, 1414-1418, 1988.

Reid, G.B., Eggemeier, F, and Nygren, T. An individual differences approach to SWAT scale development. Proceedings of the Human Factors Society 26th Annual Meeting, 639-642, 1982.

Reid, G.B., Eggemeier, F.T., and Shingledecker, C.A. In M.L. Frazier and R.B. Crombie (Eds.) Proceedings of the Workshop on Flight Testing to Identify Pilot Workload and Pilot Dynamics (AFFTC-TR-82-5) (p. 281-288). Edwards AFB, CA, May 1982.

Reid, G.B., and Nygren, T.E. The subjective workload assessment technique: A scaling procedure for measuring mental workload. In P.A. Hancock and N. Mehtaki (Eds.) Human Mental Workload (p. 185-218). Amsterdam: North Holland, 1988.

Reid, G.B., Shingledecker, C.A., and Eggemeier, F.T. Application of conjoint measurement to workload scale development. Proceedings of the Human Factors Society 25th Annual Meeting, 522-526, 1981a.

Reid, G.B., Shingledecker, C.A., Nygren, T.E., and Eggemeier, F.T. Development of multidimensional subjective measures of workload. Proceedings of the IEEE International Conference on Cybernetics and Society, 403-406, 1981b.

Rubio, S., Diaz, E., Martin, J., and Puente, J.M. Evaluation of subjective mental workload: A comparison of SWAT, NASA-TLX, and Workload Profile Methods. Applied Psychology: An International Review 53(1): 61-86, 2004.

Rueb, J., Vidulich, M., and Hassoun, J.A. Establishing workload acceptability: An evaluation of a proposed KC-135 cockpit redesign. Proceedings of the Human Factors Society 36th Annual Meeting, 17-21, 1992.

Schick, F.V., and Hann, R.L. The use of subjective workload assessment technique in a complex flight task. In A.H. Roscoe (Ed.) Th e Practical Assessment of Pilot Workload, AGARDograph No. 282 (p. 37-41). Neuilly-sur-Seine, France: AGARD, 1987.

See, J.E., and Vidulich, M.A. Assessment of computer modeling of operator mental workload during target acquisition. Proceedings of the Human Factors and Ergonomics Society 41st Annual Meeting, 1303-1307, 1997.

Skelly, J.J., and Purvis, B. B-52 wartime mission simulation: Scientific precision in workload assessment. Paper presented at the 1985 Air Force Conference on Technology in Training and Education, Colorado Springs, CO, April 1985.

Skelly J.J., Reid, G.B., and Wilson, G.R. B-52 full mission simulation: Subjective and physiological workload applications. Paper presented at the Second Aerospace Behavioral Engineering Technology Conference, 1983.

Skelly, J.J., and Simons, J.C. Selecting performance and workload measures for full mission simulation. Proceedings of the IEEE 198 National Aerospace and Electronics Conference, 1082-1085, 1983.

Svensson, E., Angelborg-Thanderz, M., Sjoberg, L., and Olsson, S. Information complexity-Mental workload and performance in combat aircraft. Ergonomics 40(3): 362-380, 1997.

Thiessen, M.S., Lay, J.E., and Stern, J.A. Neuropsychological Workload Test Battery Validation Study (FZM 7446). Fort Worth, TX: General Dynamics, 1986.

van de Graaff, R.C. An in-flight investigation of workload assessment techniques for civil aircraft operations (NLR-TR-87119 U). Amsterdam, the Netherlands: National Aerospace Laboratory, 1987.

Vi ckroy, S.C. Workload Prediction Validation Study: The Verification of CRAWL Predictions. Wichita, KS: Boeing Military Airplane Company, 1988.

Vidulich, M.A. The Bedford scale: Does it measure spare capacity? Proceedings of the 6th International

Symposium on Aviation Psychology, 1136-1141, 1991.

Vidulich, M.A., and Pandit, P. Individual differences and subjective workload assessment: Comparing pilots to nonpilots. Proceedings of the 4th International Symposium on Aviation Psychology, 630-636, 1987.

Vidulich, M.A., and Tsang, P.S. Techniques of subjective workload assessment: A comparison of two methodologies. Proceedings of the 3rd International Symposium on Aviation Psychology, 239-246, 1985.

Vidulich, M.A., and Tsang, P.S. Techniques of subjective workload assessment: A comparison of SWAT and NASA-Bipolar methods. Ergonomics 29 (11): 1385-1398, 1986.

Vidulich, M.A., and Tsang, P.S. Absolute magnitude estimation and relative judgment approaches to subjective workload assessment. Proceedings of the Human Factors Society 31st Annual Meeting, 1057-1061, 1987.

Ward, G.F, and Hassoun, J.A. Th e Effects of Head-Up Display (HUD) Pitch Ladder Articulation, Pitch Number Location and Horizon Lin e Length on Unusual Altitude Recoveries for the F-16 (ASD-TR-90-5008). Wright-Patterson Air Force Base, OH: Crew Station Evaluation Facility, July 1990.

Warr, D.T. A comparative evaluation of two subjective workload university measures: The subjective assessment technique and the Modified Cooper-Harper rating. Master's thesis. Dayton, OH: Wright State, 1986.

Warr, D., Colle, H., and Reid, G.B. A comparative evaluation of two subjective workload measures: The subjective workload assessment technique and the Modified Cooper-Harper Scale. Paper presented at the Symposium on Psychology in the Department of Defense. US Air Force Academy, Colorado Springs, CO, 1986.

Whitaker, L.A., Peters, L., and Garinther, G. Tank crew performance: Effects of speech intelligibility on target acquisition and subjective workload assessment. Proceedings of the Human Factors Society 33rd Annual Meeting, 1411-1413, 1989.

Wilson, G.F, Hughes, E., and Hassoun, J. A physiological and subjective evaluation of a new aircraft display. Proceedings of the Human Factors Society 34th Annual Meeting, 1441-1443, 1990.

2.3.3.14 团队工作负荷问卷

概述: 团队工作负荷问卷（TWLQ）包括 NASA-TLX 的 6 个分量表以及情绪需求、绩效监控需求和团队合作（Sellers et al，2014）。如表 2.28 所示，每个分量表的量程范围从 0（非常低）~ 10（非常高）再乘以 10，最终每个分量表得分范围为 0 ~ 100。

优势和局限性：Sellers 等（2014）基于 216 名运动队成员的作答数据，报告了可解释 57.80% 方差的三因素模型——任务工作负荷（α=0.783）、团队工作负荷（α=0.739）和团队任务平衡（α=0.692）。Sellers 等（2015）要求 14 个团队中的 2 个团队在完成控制一架四旋翼无人机后完成 TWLQ。结果发现，任务工作负荷与团队工作负荷得分呈显著正相关（r=0.673），团队工作负荷与团队任务平衡得分呈显著正相关（r=0.484），团队任务平衡得分与绩效呈显著正相关（r=0.465）。

表 2.28　团队工作负荷问卷（Sellers et al，2014）

分量表	定义
情绪需求	这项任务需要你在多大程度上控制自己的情绪（如愤怒、喜悦、失望）？
绩效监控需求	这项任务需要你在多大程度上监控自己的绩效（即确保你在特定水平上的绩效）？
沟通需求	需要多少沟通活动（如讨论、协商、发送和接收消息等）？
协调需求	需要多少协调活动（如校正、调整等）？
时间管理需求	在任务工作（单独完成的工作）和团队工作（作为一个团队进行的工作）之间共享和管理时间有多难？
团队效能	你认为这个团队在合作方面有多成功？
团队支持	提供和接受团队成员的支持（提供指导、帮助团队成员、提供指示等）有多难？
团队不满	你对你的团队有多不满？
团队情感需求	在团队中工作对情绪的要求有多高？
团队绩效监控需求	这项任务需要你花多少时间来监督你团队的绩效？

在最近的一项研究中，Greenlee 等（2017）报告，TWLQ 不适合在招聘过程中评估人员的团队工作负荷。

阈值：每个分量表得分范围为 0 ~ 100。

原书参考文献

Greenlee, E.T., Funke, G.J., and Rice, L. Evaluation of the Team Workload Questionnaire (TWQ) in a team choice task. Proceedings of the 61st Human Factors and Ergonomics Society Annual Meeting, 1317, 2017.

Sellers, J, Helton, W.S, Naswall, K, Funke, G.J., and Knott, B.A. Development of the Team Workload Questionnaire (TWLQ). Proceedings of the Human Factors and Ergonomics Society 58th Annual Meeting, 989-993, 2014.

Sellers, J., Helton, W.S, Naswall, K., Funke, G.J., and Knott, B.A. The Team Workload Questionnaire (TWLQ): A simulated unmanned vehicle task. Proceedings of the Human Factors and Ergonomics Society 59th Annual Meeting, 1382-1386, 2015.

2.3.3.15　工作负荷 / 补偿 / 干扰 / 技术效率

概述：工作负荷 / 补偿 / 干扰 / 技术效率（WCI/TE）评分量表（图 2.13）要求被试者对 16 个矩阵单元格进行排序，然后对特定任务进行评分。原始评分通过联合评分法转换为 0 ~ 100 之间的值。

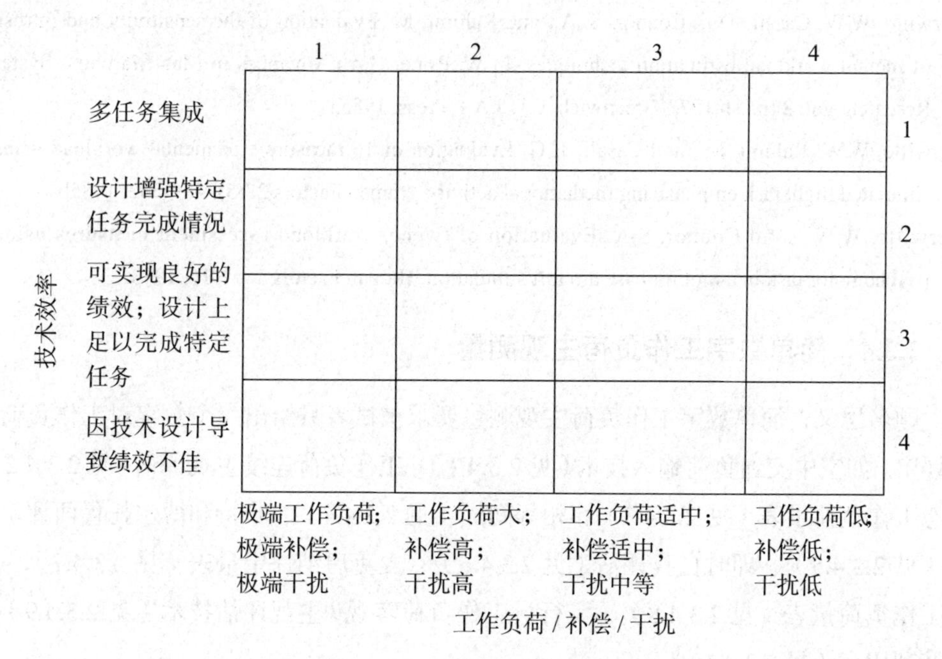

图 2.13 WCI/TE 比例矩阵

优势和局限性：Wierville 和 Connor（1983）报告了 WCI/TE 评分对模拟飞行任务中三种任务难度的敏感性。Wierville 等（1985a）报告了对心理运动、感知和调解任务难度变化的敏感性。Wierville 等（1985b）报告，在模拟飞行任务中，WCI/TE 对数学次任务难度变化很敏感。然而，O'Donnell 和 Eggemeier（1986）建议，WCI/TE 不应被用作工作负荷的直接衡量标准。

数据要求：被试者必须对 16 个矩阵单元格进行排序，然后对特定任务进行评分。将原始评分转换为 WCI/TE 值，需要复杂的数学处理。

阈值：0 为最小工作负荷，100 为最大工作负荷。

原书参考文献

Lysaght, R.J.Hill, S.G, Dick, A.O., Plamondon, B.D., Linton, P.M., Wierwille, W.W, Zaklad, A.L., Bittner, A.C., and Wherry, R.J. Operator workload: Comprehensive review and evaluation of operator workload methodologies (Technical Report 851). Alexandria, VA: Army Research Institute for the Behavioral and Social Sciences, June 1989.

O' Donnell, R.D., and Eggemeier, F.T. Workload assessment methodology. In K.R. Boff, L. Kaufman, and J.P. Thomas (Eds.) Handbook of Perception and Human Performance. Volume (Vol) 2, Cognitive

Processes and Performance. New York: Wiley, 1986.

Wierwille, W.W, Casali, J.G., Connor, S. A., and Rahimi, M. Evaluation of the sensitivity and intrusion of mental workload estimation techniques. In W. Roner (Ed.) Advances in Man-Ma chine Systems Research, vol. 2 (p. 51-127). Greenwich, CT: J.A.I. Press, 1985a.

Wierwille, W.W, Rahimi, M., and Casali, J, G, Evaluation of 16 measure s of mental workload using a simulated flight task emphasizing mediational activity. Human Factors 27(5): 489-502, 1985b.

Wierwille, W.W., a nd Connor, S.A. Evaluation of twenty workload assessment measures using a psychomotor task in a motion-base aircraft simulation. Human Factors 25: 1-16, 1983.

2.3.4 简单数字工作负荷主观测量

顾名思义，简单数字工作负荷主观测量要求被试者只给出一个数字对工作负荷进行评定。如空中交通负荷输入技术（见 2.3.4.1）、工作负荷连续主观评估（见 2.3.4.2）、动态工作负荷量表（见 2.3.4.3）、相等间隔（见 2.3.4.4）、哈特和博尔托鲁西评定量表（见 2.3.4.5）、即时自我评估（见 2.3.4.6）、麦克唐纳评定量表（见 2.3.4.7）、总体工作负荷量表（见 2.3.4.8）、飞行员工作负荷客观 / 主观评估技术（见 2.3.4.9），以及利用率（见 2.3.4.10）。

2.3.4.1 空中交通负荷输入技术

概述：空中交通负荷输入技术（ATWIT）提供一种听觉和（或）视觉提示，之后被试者通过工作负荷评估键盘（WAK）对其工作负荷从 1（低）~ 7（非常高）进行评分。

优势和局限性：ATWIT 技术由 Stein 于 1985 年开发。它提供三个指标：反应延迟、查询延迟和工作负荷评分。Ligda 等（2010）报告，作为空中交通冲突解决概念（75% 的冲突解决由飞行员负责、管制员负责、自动化系统负责）的一个函数，ATWIT 指标之间没有显著差异。Willems 和 Heiney（2002）报告，随着任务负荷的增加，ATWIT 评分也显著增加。对 ATWIT 的反应时间，雷达端显著快于数据控制器端。该项研究的被试者为 16 名空中交通管制员，由他们对决策支持系统进行评估。Truitt（2013）报告，无论是地面控制器还是本地控制器，对于语音评估、40% 数据通信，或 75% 数据通信，通过工作负荷评估键盘的评定没有显著差异。

117 名本科生完成三项潜艇任务，包括联络分类、最近近进点和水面应急，Loft 等（2015）对这些学生的 SPAM、SAGAT、ATWIT、NASA-TLX 和 SART 评分进行了比较。结果发现，SPAM 与 SART 没有显著相关性，但与 ATWIT 和 NASA-TLX 显著相关。Fincannon 和 Ahlstrom（2016）基于对 15 项研究的元分析，报告了飞机数量与 10 点量表的相关性高于 7 点量表。

阈值：最小值为 1（工作负荷低），最大值为 7（工作负荷非常高）。

原书参考文献

Fincannon, T., and Ahlstrom, V. Scale size of the Air Traffic Workload Input Technique (ATWIT): A review of the research. Proceedings of the Human Factors and Ergonomics Society 60th Annual Meeting, 2071-2075, 2016.

Ligda, S.V., Dao, AV., Vu, K, Strybel, T.Z., Battiste, V., and Johnson, W.W. Impact of conflict avoidance responsibility allocation on pilot workload in a distributed air traffic management system. Proceedings of the Human Factors and Ergonomics Society 54th Annual Meeting, 55 59, 2010.

Loft, S., Bowden, V., Braithwaite, J., Morrell, D.B., Huf, S., and Durso, F.T. Situation awareness measures for simulated submarine track management. Human Factors 57(2): 298-310, 2015.

Stein, E.S. Air Controller Workload: An Examination of Workload Probe (D 'FAA/ CT-TN84/24). Atlantic City, NJ: Federal Aviation Administration, April 1985.

Truitt, T.R. An empirical study of digital taxi clearances for departure aircraft. Air Traffic Control Quarterly 21(2): 125 151, 2013.

Willems, B., and Heiney, M. Decision Support Automation Research in the En Route Air Traffic Control Environment (DOT FAA/CT TN0l/10). Atlantic City International Airport, NJ: Federal Aviation Administration William J. Hughes technical Center, January 2002.

2.3.4.2 工作负荷连续主观评估

概述：工作负荷连续主观评估（C-SAW）要求被试者从 1 ~10 进行评分（对应于贝德福德工作负荷量表的描述），同时在着陆后立即查看其飞行录像。计算机以最多每 3 秒一次的速率进行评分，输出为针对时间轴的条形图或图形。

优势和局限性：Jensen（1995）指出，被试者能够可靠地每 3 秒提供一次评分。他报告，C-SAW 对于平显（HUD）和下显之间的差异很敏感。C-SAW 具有很高的表面效度，但尚未得到正式的效度验证。

阈值：最小值为 0。

原书参考文献

Jensen, S.E. Developing a flight workload profile using Continuous Subjective Assessment of Workload (C-SAW).Proceedings of the 21st Conference of the European Association for Aviation Psychology, Chapter 46, 1995.

2.3.4.3 动态工作负荷量表

概述：动态工作负荷量表是 7 点量表（表 2.29），其主要是为飞机认证所开发的一种工具，已被空客公司广泛应用。

表 2.29　动态工作负荷量表

工作负荷评估	标准			接受度
	储备容量	中断	努力或压力	
轻度 2	充足			接受度非常高
适度 3	足够	有些		接受度高
中 4	足够	经常	不宜	可接受
高 5	减少	重复	明显	负荷高但可接受
重 6	小	频繁	重要	勉强可接受
极度 7	无	连续	急性	连续情况下不可接受
最高 8	障碍	障碍	障碍	即刻不可接受

优势和局限性：Speyer 等（1987）报告，飞行员和观察员的评分高度一致，且对工作负荷的增加也很敏感。

数据要求：动态工作负荷量表评定必须由 1 名飞行员和 1 名飞行观察员同时进行。飞行员根据提示进行评分；每当工作负荷发生变化或每过 5 分钟，观察员就给出评分。Hall 等（2010）也使用了每 5 分钟予以记录的 7 点工作负荷量表。他们报告，原型指控显示器的工作负荷，明显低于基线电流显示器的工作负荷。

阈值：2 为最小工作负荷，8 为最大工作负荷。

原书参考文献

Hall, D.S., Shattuck, L.G., and Bennett, K.B. Evaluation of an ecological interface designed for military command and control. Proceedings of the Human Factors and Ergonomics Society 54th Annual Meeting, 423-42 2010.

Speyer, J., Fort, A., Fouillot, J., and Bloomberg, R. Assessing pilot workload for minimum crew certification. In A.H. Roscoe (Ed.) The Practical Assessment of Pilot Workload (AGARDograph Number 282) (p. 90-115). Neuilly-sur-Seine, France: AGARD, 1987.

2.3.4.4　相等间隔

概述：被试者使用某一个类别对工作负荷进行评估，其假设是每个类别与相邻类别的距离相等。

优势和局限性：Hicks 和 Wierwille（1979）报告了模拟器驾驶中对任务难度的敏感性。Masline（1986）报告的结果与幅度估计和工作负荷主观评估技术（SWAT）的评分相当，但更易于管理。不过 Masline 提醒可能存在评分者偏见。

数据要求：必须对相等间隔进行明确定义。

阈值：未说明。

原书参考文献

Hicks, T.G., and Wierwille, W.W. Comparison of five mental workload assessment procedures in a moving-base driving simulator. Human Factors 21: 129-143, 1979.

Masline, P.J. A comparison of the sensitivity of interval scale psychometric techniques in the assessment of subjective mental workload. Unpublished master's thesis, University of Dayton, Dayton, OH, 1986.

2.3.4.5 哈特和博尔托鲁西评定量表

概述：Hart 和 Bortolussi（1984）使用单一评定量表估计工作负荷。量表的评定值为 1 ~ 100，其中，1 表示低工作负荷，100 表示高工作负荷。

优势和局限性：工作负荷评分在不同航段有显著变化，起飞和着陆的工作负荷高于爬升或巡航。工作负荷评分与压力和努力的评分显著相关，相关系数分别为 0.75 和 0.68。这些结果是基于 12 台仪器对于飞行员审查 163 个事件的评定数据。

Moray 等（1991）采用了相同的评定量表，但将量表的评定值定为 1 ~ 10，而不是 1 ~ 100。该种测量与时间压力显著相关，但与知识或其相互作用相关不显著。

数据要求：被试者只需确定量表的结束点。

阈值：1 为低工作负荷，100 为高工作负荷。

原书参考文献

Hart, S.A., and Bortolussi, M.R. Pilot errors as a source of workload. Human Factors 25(5): 545-556, 1984.

Moray, N., Dessouky, M.I., Kijowski, B.A., and Adapathya, R.S. Strategic behavior, workload, and performance in task scheduling. Human Factors 33(6): 607-629, 1991.

2.3.4.6 即时自我评估

概述：即时自我评估（ISA）是 5 点评定量表（表 2.30），最初在英国开发，用于评估空中交通管制员的工作负荷。此后，ISA 被用于评估联合攻击战斗机飞行员的工作负荷。ISA 被加入到了工作负荷评定的在线访问，由此系统被更名为欧洲航空安全组织在线记录和图形显示（ERGO）（Hering 和 Coatleven，1994）。

优势和局限性：Hering 和 Coatleven（1996）指出，ISA 自 1993 年以来一直被用于空中交通管制模拟工作负荷的评估。Lamoureux（1999）比较了空中交通管制中

81 种类型的飞机关系，并预测了实际 ISA 与 ISA 工作负荷主观评定。预测准确率为 73%。Harmer（1998）将 ISA 改编用于多人机组工作负荷的测量。

表 2.30 即时自我评估

ISA 按键编号	颜色	图例	定义
5	红	非常高	工作负荷水平太高，且短时间内已难以为继
4	黄	高	工作负荷水平高得令人不舒适，尽管其持续时间可能短
3	白	中	工作负荷水平可持续且舒适
2	绿	低	工作负荷水平低，偶尔会出现倦怠。操作者具有相当大的备用容量和处于放松状态
1	蓝	非常低	工作负荷水平太低，操作者一直在休息或不参与机组任务

Castle 和 Leggatt（2002）开展了一项实验室研究，比较了 ISA、NASA-TLX 和贝德福德工作负荷等三个评定量表对工作负荷的估计。他们要求 16 名飞行员和 16 名普通被试者在完成多重属性任务时，分别用这三个量表对其工作负荷进行评估。作为对照，被试者再次完成这组任务，但对其工作负荷不做评估。最后，被试者需要填写一个表面效度问卷。问卷中有 11 项评分，各项分值为 1 ~ 7 分（7 分为最高正向评定），平均分在 4 ~ 6 分之间。这与其他两项工作负荷测量是相当的。

但是，两个群体之间具有显著差异。普通被试者认为 ISA 表面上明显更专业，飞行员认为 ISA 明显更可靠。ISA 在两组被试者完成固定翼飞机模拟飞行的绩效方面，差异并不显著。ISA 与贝德福德工作负荷量表的相关为 0.49，与 NASA-TLX 量表的相关为 0.55。观察员的评分与 ISA 评分的相关为 0.80。多重属性任务的任务负荷与 ISA 相关最高，系数为 0.82，与 NASA-TLX 量表的相关为 0.57，与贝德福德工作负荷量表的相关为 0.53。ISA 评分与绩效之间没有显著相关。无论是否进行 ISA 评分，对绩效均无显著影响。NASA-TLX 和贝德福德工作负荷量表也是如此。对于被试者人员，内部一致性的克伦巴赫 α 系数在 0.43 ~ 0.78 之间变化，对于观察员，该系数在 0.64 ~ 0.81 之间变化。两周后对相同任务进行重测，重测信度为 0.84。据报道，即时评分比任务 2 分钟后的评分更加一致。此外，Leggatt（2005）报告，ISA 的结构效度高达 0.82。

Tattersall 和 Foord（1996）在一项追踪任务的实验室研究中报告，当 ISA 有所反应时，追踪任务的绩效下降，因此提示其对主任务绩效的干扰性。

数据要求：使用标准评定量表。目前已开发出了在线使用的自动化系统，即欧洲航空安全组织在线记录和图形显示（ERGO）（Hering 和 Coatleven，1996）。

阈值：1 ~ 5。Sturrock 和 Fairburn（2005）提供了以下红线值。

开发 / 风险降低工作负荷评估：

1 ~ 4 可接受；

5 进一步研究。

原书参考文献

Castle, H., and Leggatt, H. Instantaneous Self Assessment (ISA)-Validity & Reliability(JS14865 Issue 1). Bristol, United Kingdom: BAE Systems, November 2002.

Harmer, S. Multi-crew workload measurement for Nimrod MRA4. Proceedings of the North Atlantic Treaty Organization Research and Technology Organization Meeting 4 (RTO-MP-4, AC/ 23(HFM)TP/2), 8-1 8-6, April 1998.

Hering, H., and Coatleven, G. ERGO (Version 1) for Instantaneous Self Assessment of Workload (EEC Note No. 24/ 94). Brussels, Belgium: EUROCONTROL Agency, April 1994.

Hering, H., and Coatleven, G. ERGO (Version 2) for Instantaneous Self Assessment of Workload in a real-time ATC simulation environment (EEC Report No. 10/96). Brussels, Belgium: EUROCONTROL Agency, April 1996.

Lamoureux, T. The influence of aircraft proximity data on the subjective mental workload of controllers in the air traffic control task. Ergonomics 42(11): 1482-1491, 1999.

Leggatt, A. Validation of the ISA (Instantaneous Self Assessment) subjective workload tool. Proceedings of the International Conference on Contemporary Ergonomics (CE2005), 74-78, April 2005.

Sturrock, F., and Fairburn, C. Measuring pilot workload in single and multi-crew aircraft. Proceedings of the International Conference on Contemporary Ergonomics (CE2005), 588-592, April 2005.

Tattersall, A.J., and Foord, P.S. An experimental evaluation of instantaneous self assessment as a measure of workload. Ergonomics 39(5): 740-748, 1996.

2.3.4.7 麦克唐纳评定量表

概述：麦克唐纳评定量表为 10 点量表（表 2.31），要求飞行员根据任务对注意力的需求进行工作负荷评定。

优势和局限性：Van de Graaff（1987）报告，在不同飞行进近阶段和不同机组情况之间，其工作负荷具有显著差异。与工作负荷主观评估技术（SWAT）相比，麦克唐纳评定中的被试间变异性要小。

数据要求：未说明。

阈值：未说明。

表 2.31　麦克唐纳评定量表（来自 McDonnell，1968）

可控 在任务中飞行员有可用注意资源的情况下能够控制或管理	**可接受** 可能有需要改进的缺陷，但足以完成任务。若需要达到可接受的效能，飞行员予以补偿是可行的	**满意** 满足所有要求和预期，在不做改进的情况下足以很好完成任务	优秀，非常理想	A1
			良好，令人愉快，表现出色	A2
			中等。有些轻微令人不快的特征。在不做改进的情况下足以完成好任务	A3
		不满意 勉强接受。存在需要改进的缺陷。在飞行员给予可行补偿的情况下，可获得充分的效能	有些微小但令人厌恶的缺陷。需要做改进。对效能的影响通过飞行员易于补偿	A4
			适度令人反感的缺陷。需要改进。可接受的效能需要飞行员相当大的补偿	A5
			非常令人反感的缺陷。需要做出重大改进。要获得可接受的效能，需要飞行员最大的补偿	A6
	不可接受 存在必须改进的缺陷。即使飞行员给予最可行的补偿，也不足以获得任务效能		严重缺陷，必须改进才可接受。可控。任务的效能不充分，或者要达到最低可接受的效能，需要飞行员的补偿都太高	U7
			很难于控制。需要飞行员大量的技能和注意才能保持控制和继续执行任务	U8
			任务中勉强可控。需要飞行员最大可用的技能和注意进行控制	U9
不可控 对任务某些部分失去控制			在任务中无法控制	U10

原书参考文献

McDonnell, J.D. Pilot Rating Techniques for the Estimation and Evaluation of Handling Qualities (AFFDL-TR-68-76). Wright-Patterson Air Force Base, TX: Air Force Flight Dynamics Laboratory, 1968.

van de Graaff, R.C. An In-Flight Investigation of Workload Assessment Techniques for Civil Aircraft Operations (NLR-TR-87119U). Amsterdam, the Netherlands: National Aerospace Laboratory, 1987.

2.3.4.8　总体工作负荷量表

概述：总体工作负荷量表（OW）是双极量表（左侧为“低”，右侧为“高”），将一条水平线段等分为 20 份，要求被试者在该线段上确定某个点作为对工作负荷的评定值。

优势和局限性：总体工作负荷量表已被用于机动防空导弹系统（Hill et al，1988）、遥控飞行器系统（Byers et al，1988）、直升机模拟器（Iavecchia et al，1989）和实验室（Harris et al，1995）的工作负荷评定。该量表可用于追溯性评估或预测性评估（Eggleston 和 Quinn，1984）。

Hill 等（1992）报告，总体工作负荷量表对于工作负荷一直比较敏感，并且比库珀–哈珀修订量表或工作负荷主观评估技术（SWAT）更容易被操作者接受。Harris 等（1992）报告，总体工作负荷量表在不同任务、系统和环境之间均具有敏感性。

然而，Anthony 和 Biers（1997）发现，总体工作负荷量表（OW）和工作负荷主观评估技术（SWAT）的评分之间没有差异。该项研究的被试者为48名心理学入门学生，任务是完成记忆回忆任务。总体工作负荷量表的效度和信度低于 NASA-TLX 或层次分析法（AHP）评定（Vidulich 和 Tsang，1987）。

Hall（2009）使用 1 分（非常低）~ 7 分（非常高）对总体工作负荷进行测量。他将此种测量方法称为工作负荷连续主观评估技术（C-SWAT）。在 25 分钟的任务场景中，每 5 分钟向其被试者视觉呈现 1 次任务。这与基本和增强指挥与控制显示之间的显著差异有关。

数据要求：未说明。

阈值：未说明。

原书参考文献

Anthony, C.R., and Biers, D.W. Unidimensional versus multidimensional workload scales and effect of number of rating scale categories. Proceedings of the Human Factors and Ergonomics Society 41st Annual Meeting, 1084-1088, 1997

Byers, J.C., Bittner, AC., Hill, S.G., Zaklad, AL., and Christ, R.E. Workload assessment of a remotely piloted vehicle (RPV) system. Proceedings of the Human Factors Society 32nd Annual Meeting, 1145-1149, 1988.

Eggleston, R.G., and Quinn, T.J. A preliminary evaluation of a projective workload assessment procedure. Proceedings of the Human Factors Society 28th Annual Meeting, 695-699, 1984.

Hall, D.S. Raptor: An empirical evaluation of an ecological interface designed to increase warfighter cognitive performance. Master's Thesis. Monterey, CA: Naval Postgraduate School, June 2009.

Harris, W.C., Hancock, P.A., Arthur, E.J., and Caird, J.K. Performance, workload, and fatigue changes associated with automation. International Journal of Aviation Psychology 5(2): 169-185, 1995.

Harris, R.M., Hill, S.G., Lysaght, R.J., and Christ, R.E. Handbook for Operating the OWLKNEST Technology (ARI Research Note 92-49). Alexandria, VA: United States Army Research Institute for the Behavioral and Social Sciences, 1992.

Hill, S.G., Iavecchia, H.P., Byers, J.C., Bittner, AC., Zaklad, AL., and Christ, R.E. Comparison of four subjective workload rating scales. Human Factors 34: 429-439, 1992.

Hill, S.G., Zaklad, AL., Bittner, AC., Byers, J.C., and Christ, R.E. Workload assessment of a mobile air defense missile system. Proceedings of the Human Factors Society 32nd Annual Meeting, 1068-1072, 1988.

Iavecchia, H.P., Linton P.M., and Byers, J.C. Operator workload in the UH-60A Black Hawk crew results vs. TAWL model predictions. Proceedings of the Human Factors Society 33rd Annual Meeting, 1481-1485, 1989.

Vidulich, M.A, and Tsang, P.S. Absolute magnitude estimation and relative judgment approaches to subjective workload assessment. Proceedings of the Human Factors Society 31st Annual Meeting, 1057-1061, 1987.

2.3.4.9　飞行员工作负荷客观 / 主观评估技术

概述：飞行员工作负荷客观 / 主观评估技术（POSWAT）是 10 点主观量表（表 2.32），由美国联邦航空管理局技术中心开发（Stein，1984）。该量表是库珀 – 哈珀评定量表的修订版，但不包括库珀 – 哈珀评定量表特有的二元决策树。但其也将工作负荷分为五个等级：最小、极小、中等、相当大和过大。与库珀 – 哈珀评定量表一样，最低的三个等级（1 ~ 3）被归入低等级。类似的量表如空中交通负荷输入技术（ATWIT）（Porterfield，1997），也是针对空中交通管制员工作负荷的评估而开发。另一个版本称为工作负荷评估键盘（WAK），要求每隔 2 分钟从 1（非常低）~ 10（非常高）对工作负荷进行评定（Zingale et al，2010）。

优势和局限性：POSWAT 的前身是工作负荷评定系统。它由一套带有 10 个按钮阵列的工作负荷输入设备组成。每个按钮分别对应 1（非常容易）~ 10（非常难）中的某个等级。该量表对飞行控制稳定性的变化具有敏感性（Rehman et al，1983）。随着经验的增加，敏感性也普遍下降（Mallery，1987）。

Stein（1984）报告，POSWAT 评定能够显著区分经验丰富飞行员和新手飞行员，以及高负荷（初始进近和最后进近）与低负荷（巡航）飞行航段。也存在显著的学习效应，第一次飞行的工作负荷评定明显高于第二次飞行。尽管 POSWAT 量表对于驾驶轻型飞机和模拟器的飞行员经验水平具有敏感性，但该量表过于复杂。工作负荷、通信、控制输入、计划、“偏差”、差错和飞行员补充等 7 个维度集中在同一个量表中。此外，该顺序量表的等级数量也令人困惑，因为同时具有 5 个水平和 10 个水平。

表 2.32 飞行员工作负荷客观 / 主观评估技术（Mallery 和 Maresh，1987）

飞行员工作负荷	工作负荷	特征
1	几乎为零	任何任务都立即完成；标称控制输入，无直接通信；无需规划；没有任何偏差的可能性
2	极小	所有任务均易于完成；没有偏差的可能性
3	极小	所有任务均已完成；偏差的可能性最小
4	中等	所有任务均已完成；任务按优先级排列；偏差的可能性最小
5	中等	所有任务均已完成；任务按优先级排列；偏差的可能性中等
6	中等	所有任务均已完成；任务按优先级排列；偏差的可能性相当大
7	相当大	几乎所有任务均完成；优先级最低的任务被放弃；偏差的可能性相当大
8	相当大	大多数任务均完成；优先级较低的任务被放弃；偏差的可能性相当大
9	过大	仅完成高优先级任务；存在差错或严重偏差的可能性；要完成飞行需要第二名飞行员
10	过大	只能完成最高优先级的任务（飞行安全）；会出现差错或频繁的偏差；要实现安全飞行需要第二名飞行员

Rehman 等（1983）每分钟获得一次 POSWAT 评分。这些研究者发现，在一项追踪任务中，飞行员在简单的 10 点非形容词量表上可靠地报告了工作负荷差异。因此，POSWAT 量表的复杂结构可能不是必要的。Zingale 等（2010）报告了 WAK 的空中交通管制条件和间隔之间显著的交互作用。但是，空中交通管制工作站的类型没有显著影响。Hah 等（2010）报告了人机数据通信接口变化以及设备百分比（0%、10%、50% 或 100%）的 WAK 得分的显著差异，但部分故障或全系统故障对 WAK 得分无显著影响。

数据要求：Stein（1984）建议，如果短途飞行段中以 1 分钟为间隔进行评分，则无需进行 POSWAT 分析。

阈值：未说明。

原书参考文献

Hah, S., Willems, B., and Schultz, K. The evaluation of Data Communication for the Future Air Traffic Control System (NextGen). Proceedings of the Human Factors and Ergonomics Society 54th Annual Meeting, 99-103, 2010.

Mallery, C.J. The effect of experience on subjective ratings for aircraft and simulator workload during IFR flight. Proceedings of the Human Factors Society 31st Annual Meeting, 838-841, 1987.

Mallery, C.J., and Maresh, J.L. Comparison of POSWAT ratings for aircraft and simulator workload. Proceedings of the 4th International Symposium on Aviation Psychology, 644-650, 1987.

Porterfield, D.H. Evaluating controller communication time as a measure of workload. The International Journal of Aviation Psychology 7(2): 171-182, 1997.

Rehman, J.T., Stein, E.S., and Rosenberg, B.L. Subjective pilot workload assessment. Human Factors 25(3): 297-307, 1983.

Stein, E.S. The Measurement of Pilot Performance: A Master-Journeyman Approach (DOT/ FAA/CT-83/15) Atlantic City, NJ: Federal Aviation Administration Technical Center, May 1984.

Zingale, C.M., Willems, B, and Ross, J.M. Air Traffic Controller workstation enhancements for managing high traffic levels and delegated aircraft procedures. Proceedings of the Human Factors and Ergonomics Society 54th Annual Meeting, 11-15, 2010.

2.3.4.10 利用率

概述：利用率（p）是操作者处于忙碌状态的概率（Her An Hwang，1989）。

优势和局限性：利用率一直是衡量连续加工任务（如铣削、钻孔、系统控制、装载和设备安装）工作负荷的有用指标。它既考虑了排队中工作的到达时间，也考虑了该项工作的服务时间。

数据要求：排队过程必须准确。

阈值：最小值为 0，最大值为 1。高工作负荷与最大值有关联。

原书参考文献

Her, C., and Hwang, S. Application of queuing theory to quantify information workload in supervisory control systems. International Journal of Industrial Ergonomics 4: 51-60, 1989.

2.3.5 基于任务分析的工作负荷主观测量

为进行工作负荷评估，有的测量方法将任务分解为子任务和子任务要求。这些方法包括：工作活动分析法（见 2.3.5.1）、工作负荷的计算机快速分析（见 2.3.5.2）、麦克拉肯 – 奥尔德里奇技术（见 2.3.5.3）、任务分析工作负荷（见 2.3.5.4）和扎卡里 / 扎卡拉德认知分析（见 2.3.5.5）。

2.3.5.1 工作活动分析法

概述：工作活动分析法（AET）由德国开发并用于工作负荷测量。AET 包括三个部分：①工作系统分析，对“工作对象的类别和属性、要使用的设备、物理社会和组织工作环境”以名称量表和顺序量表进行评定（North 和 Klaus，1980）；②任务分析，使用含 31 个题目的顺序量表对“物质工作对象、抽象（非物质）工作对象和与人有关的任务”进行评定；③工作需求分析，用于评估工作开展的条件。AET 量表含216个题目，每个题目均用5个代码按名称或顺序等级进行评定，这些代码包括频率、重要性、持续时间、可替代性和特殊性（强度）。

优势和局限性：AET已用于2000多项有关制造和管理工作的分析。

数据要求：采用剖面分析进行工作负荷估计。采用聚类分析识别“彼此间具有高度自然关联性”的工作要素。将多变量统计用于“安置、培训和岗位分类”。

阈值：未说明。

原书参考文献

North, R.A., and Klaus, J. Ergonomics methodology-An obstacle or promoter for the implementation of ergonomics in industrial practice? Ergonomics 23(8): 781-795, 1980.

2.3.5.2 工作负荷的计算机快速分析

概述：工作负荷的计算机快速分析（CRAWL）是一种计算机程序，用于帮助设计人员预测其正在设计的系统的工作负荷。CRAWL的输入是任务时间线和任务描述。任务则根据认知、心理运动、听觉和视觉需求进行描述。

优势和局限性：Bateman和Thompson（1986）报告，CRAWL评分随着任务难度的增加而增大。Vickroy（1988）报告了类似结果，即随空气紊流的增加，CRAWL评分增大。

数据要求：任务时间线必须提供飞机状态逐秒的详细描述。

阈值：未说明。

原书参考文献

Bateman, R.P., Thompson, M.W. Correlation of predicted workload with actual workload measured using the Subjective Workload Assessment Technique. Proceedings of the SAE AeroTech Conference, 1986.

Vickroy, C.C. Workload Prediction Validation Study: The Verification of CRAWL Predictions. Wichita, KS: Boeing Military Airplane Company, 1988.

2.3.5.3 麦克拉肯－奥尔德里奇技术

概述：麦克拉肯－奥尔德里奇技术的开发，是为了对有关飞行控制、飞行保障和任务活动的工作负荷进行评估（McCracken和Aldrich，1984，1984）。

优势和局限性：该项技术可能需要几个月的准备才能使用。它有助于在系统早期设计阶段对工作负荷进行评估。

数据要求：一项任务必须分解为片段、功能和性能方面（如任务）。领域专家对每个方面的工作负荷（以1~7分）进行评定。需要一种程序以生成结果场景的时间线。

阈值：未说明。

原书参考文献

McCracken, J.H., and Aldrich, T.B. Ana is of Selected LHX Mission Functions: Implications for Operator Workload and System Automation Goals (TNA ASI 479-24-84). Fort Rucker, AL: Anacapa Sciences, 1984.

2.3.5.4 任务分析工作负荷

概述：任务分析 / 工作负荷技术（TAWL）需要将任务分解为阶段、部分、功能和任务。对于每项任务，领域专家按 1 ~7 分对工作负荷进行评定。这些任务被组合成一条场景时间线，并以时间线上的各个点作为工作负荷的估计值。

优势和局限性：TAWL 对任务工作负荷具有敏感性，但其开发需要大约六个月时间（Harris et al，1992）。该项技术已被用于评估直升机的工作负荷（Szabo 和 Bierbaum，1986）。

$$p = b_0 + b_1N + b_2S$$

其中：

p = 利用率；

b = 回归分析确定的截距；

b_1= 回归分析确定的斜率；

N = 信息类型的个数；

S = 某类信息中的信息量。

基于 7 种任务条件、20 名 AH-64 飞行员和 2 名分析人员的绩效，Hamilton 和 Cross（1993）报告，TAWL 模型所预测的测量值与实际数据之间具有显著相关，相关系数分别为 0.89 和 0.99。

数据要求：需要进行详细的任务分析。然后，领域专家必须从 6 个方面对每项任务的工作负荷做出评估，包括听觉、认知、运动觉、心理运动、视觉和辅助视觉。TAWL 软件需要在计算机系统上兼容运行，同时提供一份用户指南（Hamilton et al，1991）。

阈值：未说明。

原书参考文献

Hamilton, D.B., Bierbaum, C.R., and Fulford, L.A. Task Analysis/Workload (TAWL) User's Guide-Version 4.0 (ASI 690-330-90). Fort Rucker, AL: Anacapa Sciences, 1991.

Hamilton, D.B., and Cross, K.C. Preliminary Validation of the Task Analysis/Workload Methodology (ARI RN92-18). Alexandria, VA: Army Research Institute for the Behavioral and Social Sciences, 1993.

Harris, R.M., Hill, S.G., Lysaght, R.J., and Christ, R.E. Handbook for Operating the OWL & NEST Technology (ARI Research Note 92-49). Alexandria, VA: United States Army Research Institute for the Behavioral and Social Sciences, 1992.

Szabo, S.M., and Bierbaum, C.R., A Comprehensive Task Analysis of the AH-64 Mission with Crew Workload Estimates and Preliminary Decision Rules for Developing an AH-64 Workload Prediction Model (ASI 678-204-86[B]). Fort Rucker, AL: Anacapa Sciences, 1986.

2.3.5.5 扎卡里/扎克拉德认知分析

概述：扎卡里/扎克拉德认知分析技术需要操作领域专家和认知科学专家对操作员完成所有认知任务时的操作策略进行识别。随后，第二组领域专家利用 13 个子量表对每项任务的工作负荷进行评定。

优势和局限性：此项评估方法只用在了两项评估中，一项是用于 P-3 飞机（Zaklad et al，1982），另一项是用于 F/A-18 飞机（Zachary et al，1987；Zaklad et al，1987）。

数据要求：必须构建详细的认知任务时间表。需要两组不同的领域专家：一组专家制定时间表，另一组专家评估相关的工作负荷。

阈值：未说明。

原书参考文献

Zachary, W., Zaklad, A., and Davis, D. A cognitive approach to multisensor correlation in an advanced tactical environment. Technical Proceedings of the 1987 Tri-Service Data Fusion Symposium, 438-462, 1987.

Zaklad, A.L., Deimler, J.D., Iavecchia, H.P., and Stokes, J. Multisensor correlation and TACCO workload in representative ASW and ASUW environments (Analytics Tech Report-1753A) Willow Grove, PA: Analytics, 1982.

Zaklad, A., Zachary, W., and Davis, D. A cognitive model of multisensor correlation in an advanced aircraft environment. Proceedings of the 4th Midcentral Ergonomics/Human Factors Conference, 59-65, 1987.

2.4 工作负荷的模拟

已有多个数字模型应用于工作负荷评估，包括：①零操作系统模拟（NOSS）；② SAINT（Buck，1979），改良 Petri 网（MPN）（White et al，1986）；③任务分析（Bierbaum 和 Hamilton，1990）；④工作负荷微分模型（Ntuen 和 Watson，1996）。

此外，Riley（1989）描述了工作负荷指数（W/INDEX），通过模拟使设计者能够对备选的物理布局、接口技术、自动设计和任务序列进行对比。设计者输入系统设计概念，并将每个概念分配到各个接口通道（即视觉、听觉、手动、语音）和任务时间线，然后用 W/INDEX 预测工作负荷。在一项模拟空地作战任务中，工作负荷的 Micro Saint 模型并未像工作负荷主观评估技术那样能够对工作负荷做出预测（See 和 Vidulich，1997）。

最近，有研究者基于改进的绩效研究集成工具（IMPRINT），开发了一些工作负荷模型。Kandemir 等（2018）报告了一个驾驶员工作负荷的例子。Rusnock 和 Geiger（2017）提出了一个无人机军事作业的工作负荷模型。

原书参考文献

Bierbaum, C.R., and Hamilton, D.B. Task analysis and workload prediction model of the MH-60K mission and a comparison with UH-60A workload predictions; Volume III: Appendices H through N (ARI Research Note 91-02). Alexandria, VA: U.S. Army Research Institute for the Behavioral and Social Sciences, October 1990.

Buck, J. Workload estimation through simulation paper presented at the Workload Program of the Indiana Chapter of the Human Factors Society: Crawfordsville Indiana, March31, 1979.

Kandemir, C., Handley H. A. H., and Thompson, D. A workload model to evaluate distracters and driver's aids. International Journal of Industrial Ergonomics, 16: 18-36, 2018.

Ntuen, C. A., and Watson, A. R. Workload prediction as a function of system complexity. Proceedings of the 3rd Annual Symposium on Human Interaction with Complex Systems, 96-100, 1996.

Riley, V. W/INDEX: A crew workload prediction tool. Proceedings of the 5th International Symposium on Aviation Psychology, 832-837, 1989.

Rusnock, C.F., and Geige, C.D. Simulation-based evaluation of adaptive automation revoking strategies on cognitive workload and situation awareness. IEEE Transactions on Human -Machine Systems 47(6): 927-938, 2017.

See, J.E., and Vidulich, M.A. Assessment of computer modeling of operator mental workload during target acquisition. Proceedings of the Human Factors and Ergonomics Society 41st Annual Meeting, 1303-1307, 1997.

White, S.A., MacKinnon, D. P., and Lyman, J. Modified Petri Net Modal Sensitivity to Workload Manipulations (NASA-CR-177030). Moffett Field, CA: NASA Ames Research Center, 1986.

2.5 工作负荷与绩效的分离

Wickens 和 Yeh（1983）提出了工作负荷与绩效主观测量之间的一种分离理论。该理论认为，主观测量是由任务数量和任务难度决定的。在随后的工作中，Yeh 和 Wickens（1985，1988）识别出了五种情况，其中绩效与主观负荷测量之间的关系能够暗含对工作负荷的不同影响。

第一种情况，称为动机，绩效提高，工作负荷的主观评分增大（图 2.14）。

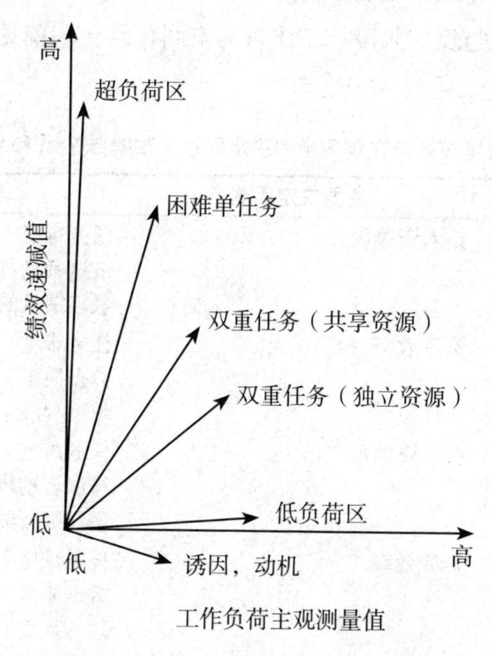

图 2.14 工作绩效与理论预测的工作负荷主观测量的分离（改编自 Yeh 和 Wickens，1988）

第二种情况，Yeh 和 Wickens 称之为低负荷，随着需求的增加，绩效保持不变，但工作负荷的主观测量值增加。在此情况下，绩效表明工作负荷保持不变，而主观测量值表明工作负荷增加。

第三种情况，对于资源受限的任务，随着投入资源量的增加，绩效下降，工作负荷主观测量值增加，但主观评分变化率大于绩效变化率。在此情况下，绩效表明工作负荷略有增加，而工作负荷主观测量值表明工作负荷大大增加。

第四种情况，对公共资源具有不同程度竞争的双重任务配置进行比较，随着对公共资源需求的增加，绩效下降，工作负荷主观测量值增加，但此时绩效变化率大于主观评分变化率。在此情况下，绩效表明工作负荷大大增加，而工作负荷主观测量值则表明工作负荷略有增加。

第五种情况，Yeh 和 Wickens 称之为超负荷。随着需求的增加，绩效下降，而主观测量值保持不变。在此情况下，绩效表明工作负荷增加，而主观测量值表明工作负荷保持不变。

Yeh 和 Wickens 将暗含工作负荷的这些差异定义为分离，他们认为分离的发生是因为在这五种情况下，不同的因素决定了绩效和工作负荷主观测量值。这些因素见表 2.33，从表中可以看出，绩效和主观工作负荷只有一个共同的影响因素，即投入资源总量。但存在不同的资源二分法。例如，Yeh 和 Wickens （1988）定义了四种类型的资源：①感知 / 中枢与反应阶段；②语言与空间代码；③视觉与听觉输入模式；④手动与语音输出模式。

表 2.33　工作负荷绩效与主观测量的决定因素（改编自 Yeh 和 Wickens,1988)

测量值	主要决定因素	次要决定因素
单任务绩效	投入资源量	任务难度 被试者动机 最佳绩效的参与性标准
	资源效率	任务难度 数据质量 熟练程度
双重任务绩效	投入资源量	任务难度 被试者动机 最佳绩效的参与性标准
	资源效率	任务难度 / 复杂度 数据质量 熟练程度
主观工作负荷	投入资源量	任务难度 被试者动机 最佳绩效的参与性标准
	工作记忆需求	任务间分配的时间量 工作记忆的信息保持量 知觉需求和 / 中枢加工资源

这些二分法的重要性在许多实验中得到了支持。例如，Wickens 和 Liu（1988）报告，

当一维补偿性追踪任务与空间决策任务（相同代码：空间）同时进行，或者与语言决策任务（不同代码：空间和语言）同时进行，在这两种情况下，前者的追踪错误会更多。对于同时进行的决策任务，其反应方式为手动（相同的模式：手动）而非语言（不同的模式：手动与语言）时，追踪的错误也更多。

Derrick（1985）分析了 18 项计算机任务的绩效，并对每项任务的工作负荷进行了整体主观估计。这些任务分为四种情形：①单个简单任务；②单个困难任务；③同类双重任务；④不同类双重任务。他总结道："如果一项任务通过增加感知和中枢加工资源负荷而提高其难度（从而导致绩效下降），那么人们将认为这项任务的工作负荷会高于对感知和中枢加工资源需求较低的任务。然而，通过增加响应的资源需求使任务变得更加困难（导致更差的绩效），并未使工作负荷等级增加"。此外，"在同一任务配置的双重任务绩效，差于不同任务配置的双重任务绩效，但这两个条件的工作负荷评分基本上是等同的"。

Derrick 总结了他自己的研究结果以及 Yeh 和 Wickens 的发现（1988），见表 2.34。单元格中的数值代表与分离效应各部分有关的重要性。

表 2.34 分离理论

来源	绩效降低	主观难度增加
增加的单任务难度	4	3
感知 / 认知	2	2
响应	2	1
并行任务需求	3	4
相同资源	2	2
不同资源	1	2

工作负荷绩效与主观测量的决定因素与资源二分法之间的关系较为复杂。增加资源供应可以提高资源受限任务的绩效，但不能提高数据受限任务的绩效。对于双重任务，当任务争用公共资源时，绩效会下降。

在系统评估过程中，无论如何强调精确绩效和工作负荷测量的重要性都不为过。正如 Derrick（1985）所说："一名工作负荷从业人员，如果依赖于工作负荷主观评定而不是工作绩效，会偏向于选择一个非最优系统，这样的系统要求操作员只执行一项任务，而不是要求双重任务绩效"。"完全依赖主观数据的从业人员，可能青睐有严重绩效局限的系统，特别是在紧急情况下"。"如果是增加控制需求并在高工作负荷条件下降低绩效的一种系统设计，在正常的单一任务工作负荷评估中，将不会被评定为存在问题"。因此，不准确的结果解释可能令人担忧。

Gawron 对国防技术信息中心（DTIC）的报告和参考期刊进行了广泛搜索，收集到了有关任务绩效和工作负荷主观测量的出版物。其中只有 11 份出版物符合标准（表 2.35）。这些出版物的时间从 1978 ~ 1996 年共 11 年。其中 8 项研究在飞行模拟器上完成，1 项研究在离心机上完成，2 项研究在实验室完成并使用了追踪任务。这些出版物中的设备类型、任务、持续时间、试验次数和被试者类型也在表 2.35 中进行了描述。从表中可见，任务包括空投（1 项）、研究（2 项）、战斗（3 项），还有一半是运输任务（5 项）。试验的持续时间从 1 分钟 ~ 200 分钟不等，重复次数多达 100 次。每份出版物报告了至少 6 名被试者的数据，2 份出版物报告了 48 名被试者的数据。一半的研究只收集男性被试者的数据。

表 2.36 列出了从这些出版物中收集到的每个数据点的高低负荷条件、任务、绩效度量和主观度量。工作负荷情况涵盖了从身体（飞行过载）、心理努力（缺乏经验、对相同线索的不同反应、困难的导航问题、双重任务、无自动驾驶）、生理心理应激（发生故障、大风）和时间压力（高目标率）的整个范围。绩效度量包括速度（1 份出版物）和错误（10 份出版物）测量。工作负荷主观度量也各有不同：4 份出版物报告了工作负荷评定，3 份出版物报告了库珀 – 哈珀修订量表，1 份出版物报告了层次分析法（AHP），1 份出版物报告了美国航空航天局任务负荷指数量表（NASA-TLX），1 份出版物报告了飞行员工作负荷客观 / 主观评估技术（POSWAT），2 份出版物报告了工作负荷主观评估技术（SWAT）。3 份出版物报告了 Z 分数，7 份未报告。这些出版物来自四个实验室：空军研究实验室（3 份出版物 /22 个数据点），FAA 技术中心（1 份出版物 /8 个数据点），伊利诺伊大学厄巴纳 – 香槟分校（2 份出版物 /4 个数据点），明尼苏达大学（1 份出版物 /4 个数据点），VPI（3 份出版物 /19 个数据点）。

在 47 个数据点中，除 1 个数据点（即数据点 21，其中工作负荷减少）外，其他所有数据点均表现出在低工作负荷与高工作负荷条件之间，工作负荷的评定值增加。除 6 个数据点外，其他所有数据点在高工作负荷条件下表现出绩效下降（错误增加或时间延长）。

表 2.37 列出了绩效提高而工作负荷增加的 6 个数据点。这些数据点来自 3 个不同研究团队的 3 项研究。这些研究使用了不同的工作负荷评定量表和绩效指标（尽管 5/6 的指标是反应时）。而相同的是每个数据点都涉及到听觉刺激和（或）反应。（值得注意的是，对于同一个自变量，未与其他绩效测量指标分离）。

表 2.35 文献回顾描述

研究	文献	设备	任务	持续时间	试次	被试者	实验室
1	Vidulich 和 Bortolussi (1988)	动态环境模拟器（离心机）	战斗	60 秒	24 或 12 次 / 人	9 名男性军事人员	空军研究实验室
2	Vidulich 和 Wickens (1985，1986)	Singer/Link GAT-1B 模拟器	运输	未说明	3 次 / 人	29 名男性和 1 名女性民航飞行员	弗吉尼亚理工学院和州立大学
3	Wierwille et al. (1985)	Singer/Link GAT-1B 模拟器	运输	12 分钟	3 次 / 人	48 名男性飞行员	弗吉尼亚理工学院和州立大学
4	Wolf (1978)	1-D 补偿追踪	研究	2 分钟	100 次 / 人	6 名右利手男性大学志愿者	明尼苏达大学
5	Kramer et al.(1987)	ILLIMAC 固基飞行模拟器	运输	45 分钟	4 次 / 人	7 名右利手男性飞行学员	伊利诺伊大学
6	Madero et al.(1979)	空军飞行动力学实验室多机组模拟器	空投	未说明	3 次 / 机组	8 名 C-130 机组人员，包括飞行员、副驾驶员和装卸长	空军研究实验室
7	Stein (1984)	Singer/Link 通用航空训练器（模拟 Cesua 421）	运输	35 分钟	2 次 / 人	12 名商业飞行员和 12 名最近获得仪表飞行资格的飞行员	美国联邦航空局技术中心
8	Vidulich 和 Bortolussi(1988)	NASA Ames 1-Cab 固基模拟器	战斗	1~1.5 小时	4 次	12 名陆军 AH-64 直升机男性飞行员 英国皇家空军直升机男性试飞员 陆军直升机男性退役飞行员	空军研究实验室
9	Vidulich 和 Wickens (1985，1986)	2-D 补偿追踪和斯滕伯格记忆任务	研究	未说明	14 次 / 人	40 名学生	伊利诺伊大学
10	Wierwille et al. (1985)	Singer/Link GAT-1B 模拟器	运输	未说明	3 次 / 人	48 名男性飞行员	弗吉尼亚理工学院和州立大学
11	Wolf (1978)	F-4 模拟器	战斗	2 分钟	共 120 次	7 名空军国民警卫队 RF-4B 飞行员	空军研究实验室

表 2.36　工作负荷的绩效与主观测量的研究报告汇总

研究	数据点	高工作负荷	低工作负荷	任务	绩效度量	工作负荷主观度量
1	1	加速度 3.75G	加速度 1.4G	补偿追踪	追踪误差	工作负荷主观评估技术
1	2	噪声 100 dBA	噪声 40 dBA	补偿追踪	追踪误差	工作负荷主观评估技术
2	3	平均每 2 秒 1 次呼叫信号，其中混合非靶刺激呼叫信号	平均每 12 秒 1 次呼叫信号，其中混合非靶刺激呼叫信号	控制飞机	漏报信号的 Z 分数	库珀－哈珀工作负荷修订量表
2	4	平均每 2 秒 1 次呼叫信号，其中混合非靶刺激呼叫信号	平均每 12 秒 1 次呼叫信号，其中混合非靶刺激呼叫信号	控制飞机	漏报信号的 Z 分数	库珀－哈珀工作负荷修订量表
2	5	平均每 2 秒 1 次呼叫信号，其中混合非靶刺激呼叫信号	平均每 12 秒 1 次呼叫信号，其中混合非靶刺激呼叫信号	控制飞机	信号反应时的 Z 分数	库珀－哈珀工作负荷修订量表
2	6	平均每 2 秒 1 次呼叫信号，其中混合非靶刺激呼叫信号	平均每 12 秒 1 次呼叫信号，其中混合非靶刺激呼叫信号	控制飞机	漏报信号的 Z 分数	多维描述量表
2	7	平均每 2 秒 1 次呼叫信号；其中混合非靶刺激呼叫信号	平均每 12 秒 1 次呼叫信号；非靶刺激的呼叫信号组合	控制飞机	漏报信号的 Z 分数	多维描述量表
2	8	平均每 2 秒 1 次呼叫信号；其中混合非靶刺激呼叫信号	平均每 12 秒 1 次呼叫信号，其中混合非靶刺激呼叫信号	控制飞机	信号反应时的 Z 分数	多维描述量表
3	9	重度结冰，任何发动机或燃油表均可能出现故障，平均故障率为 5 秒	轻度结冰，平均冻结危险率为每 50 秒 1 次	控制飞机	俯仰的高通均方	库珀－哈珀工作负荷修订量表
3	10	重度结冰，任何发动机或燃油表均可能出现故障，平均故障率为 5 秒	轻度结冰，平均冻结危险率为每 50 秒 1 次	控制飞机	滚转的高通均方	库珀－哈珀工作负荷修订量表
3	11	重度结冰，任何发动机或燃油表均可能出现故障，平均故障率为 5 秒	轻度结冰，平均冻结危险率为每 50 秒 1 次	控制飞机	对危险的反应时	库珀－哈珀工作负荷修订量表
3	12	重度结冰，任何发动机或燃油表均可能出现故障，平均故障率为 5 秒	轻度结冰，平均冻结危险率为每 50 秒 1 次	控制飞机	俯仰的高通均方	多维描述量表

续表

研究	数据点	高工作负荷	低工作负荷	任务	绩效度量	工作负荷主观度量
3	13	重度结冰，任何发动机或燃油表均可能出现故障，平均故障率为 5 秒	轻度结冰，平均冻结危险率为每 50 秒 1 次	控制飞机	滚转的高通均方	多维描述量表
3	14	重度结冰，任何发动机或燃油表均可能出现故障，平均故障率为 5 秒	轻度结冰，平均冻结危险率为每 50 秒 1 次	控制飞机	对危险的反应时	多维描述量表
3	15	重度结冰，任何发动机或燃油表均可能出现故障，平均故障率为 5 秒	轻度结冰，平均冻结危险率为每 50 秒 1 次	控制飞机	俯仰的高通均方	工作负荷 / 补偿 / 干预 / 技术效率量表
3	16	重度结冰，任何发动机或燃油表均可能出现故障，平均故障率为 5 秒	轻度结冰，平均冻结危险率为每 50 秒 1 次	控制飞机	滚转的高通均方	工作负荷 / 补偿 / 干预 / 技术效率量表
3	17	重度结冰，任何发动机或燃油表均可能出现故障，平均故障率为 5 秒	轻度结冰，平均冻结危险率为每 50 秒 1 次	控制飞机	对危险的反应时	工作负荷 / 补偿 / 干预 / 技术效率量表
4	18	初期 10 次试验	最后 10 次试验	1-D 补偿追踪	追踪误差	NASA 任务负荷指数量表
4	19	初期 10 次试验	最后 10 次试验	1-D 补偿追踪	追踪误差	工作负荷主观评估技术
4	20	30 天后的初期 10 次试验	30 天后的最后 10 次试验	1-D 补偿追踪	追踪误差	NASA 任务负荷指数量表
4	21	30 天后的初期 10 次试验	30 天后的最后 10 次试验	1-D 补偿追踪	追踪误差	工作负荷主观评估技术
5	22	进近阶段的风向 270 度，风速 30 英里 / 小时，中度紊流，航向指示器出现部分故障	无风，无紊流，无系统故障	控制飞机	航向偏差	工作负荷主观评定
5	23	进近阶段的风向 270 度，风速 30 英里 / 小时，中度紊流，航向指示器出现部分故障	无风，无紊流，无系统故障	控制飞机	高度偏差	工作负荷主观评定

续表

研究	数据点	高工作负荷	低工作负荷	任务	绩效度量	工作负荷主观度量
5	24	进近阶段的风向 270 度，风速 30 英里 / 小时，中度紊流，航向指示器出现部分故障	无风，无紊流，无系统故障	控制飞机	下滑道偏差	工作负荷主观评定
6	25	无自动驾驶，无大容量数据存储	含自动驾驶和大容量数据存储	控制飞机	巡航阶段的航向误差（英尺）	工作负荷主观评定
6	26	无自动驾驶，无大容量数据存储	含自动驾驶和大容量数据存储	控制飞机	CARP 阶段的航向误差（英尺）	工作负荷主观评定
7	27	新手（刚获得仪表资格的飞行员）	专家（专业、资深飞行员）	控制飞机	航路飞行 1 的自动评分	飞行员工作负荷客观 / 主观评估技术评定
7	28	新手	专家	控制飞机	下降飞行 1 的自动评分	飞行员工作负荷客观 / 主观评估技术评定
7	29	新手	专家	控制飞机	初始进近飞行 1 的自动评分	飞行员工作负荷客观 / 主观评估技术评定
7	30	新手	专家	控制飞机	最后进近飞行 1 的自动评分	飞行员工作负荷客观 / 主观评估技术评定
7	31	新手	专家	控制飞机	航路飞行 2 的自动评分	飞行员工作负荷客观 / 主观评估技术评定
7	32	新手	专家	控制飞机	下降飞行 2 的自动评分	飞行员工作负荷客观 / 主观评估技术评定

续表

研究	数据点	高工作负荷	低工作负荷	任务	绩效度量	工作负荷主观度量
7	33	新手	专家	控制飞机	初始进近飞行 2 的自动评分	飞行员工作负荷客观 / 主观评估技术评定
7	34	新手	专家	控制飞机	最后进近飞行 2 的自动评分	飞行员工作负荷客观 / 主观评估技术评定
8	35	次任务需语音反应	次任务需手动反应	应对地空导弹	巡航阶段反应时的减少量	层次分析法评定
8	36	次任务需语音反应	次任务需手动反应	应对地空导弹	悬停阶段反应时的减少量	层次分析法评定
8	37	次任务需语音反应	次任务需手动反应	应对地空导弹	作战阶段反应时的减少量	层次分析法评定
9	38	斯滕伯格记忆任务的字母不一致	斯滕伯格记忆任务的字母一致	斯滕伯格补偿追踪	反应时的 Z 分数	任务难度的 Z 分数评定
10	39	困难导航问题，大量数字计算，基准三角的大角度旋转	简单导航问题，少量数字计算，基准三角的小角度旋转	控制飞机	错误率的 Z 分数	库珀 – 哈珀工作负荷修订量表
10	40	困难导航问题，大量数字计算，基准三角的大角度旋转	简单导航问题，少量数字计算，基准三角的小角度旋转	控制飞机	反应时的 Z 分数	库珀 – 哈珀工作负荷修订量表
10	41	困难导航问题，大量数字计算，基准三角的大角度旋转	简单导航问题，少量数字计算，基准三角的小角度旋转	控制飞机	错误率的 Z 分数	工作负荷 / 补偿 / 干预 / 技术效率量表
10	42	困难导航问题，大量数字计算，基准三角的大角度旋转	简单导航问题，少量数字计算，基准三角的小角度旋转	控制飞机	反应时的 Z 分数	工作负荷 / 补偿 / 干预 / 技术效率量表
11	43	阵风速度 30 节，副翼和水平尾翼的偏转速率限制在每秒 0.05 度	无阵风，副翼和水平尾翼的偏转速率限制在每秒 0.5 度	控制飞机	横向路径均方根误差的 Z 分数	工作负荷评定

续表

研究	数据点	高工作负荷	低工作负荷	任务	绩效度量	工作负荷主观度量
11	44	阵风速度 30 节，副翼和水平尾翼的偏转速率限制在每秒 0.05 度	无阵风，副翼和水平尾翼的偏转速率限制在每秒 0.5 度	控制飞机	速度均方根误差的 Z 分数	工作负荷评定
11	45	阵风速度 30 节，副翼和水平尾翼的偏转速率限制在每秒 0.05 度	无阵风，副翼和水平尾翼的偏转速率限制在每秒 0.5 度	控制飞机	俯仰角均方根误差的 Z 分数	工作负荷评定
11	46	阵风速度 30 节，副翼和水平尾翼的偏转速率限制在每秒 0.05 度	无阵风，副翼和水平尾翼的偏转速率限制在每秒 0.5 度	控制飞机	垂直路径均方根误差的 Z 分数	工作负荷评定
11	47	阵风速度 30 节，副翼和水平尾翼的偏转速率限制在每秒 0.05 度	无阵风，副翼和水平尾翼的偏转速率限制在每秒 0.5 度	控制飞机	滚转姿态均方根误差的 Z 分数	工作负荷评定

表 2.37　工作负荷增加和绩效提高的数据点

数据点	高工作负荷	低工作负荷	任务	绩效度量	工作负荷主观度量
2	噪声 100 dBA	噪声 40 dBA	补偿追踪	追踪误差	工作负荷主观评估技术
5	平均每 2 秒 1 次呼叫信号，其中混合非靶刺激呼叫信号	平均每 12 秒 1 次呼叫信号，其中混合非靶刺激呼叫信号	控制飞机	信号反应时的 Z 分数	库珀 – 哈珀工作负荷修订量表
8	平均每 2 秒 1 次呼叫信号；其中混合非靶刺激呼叫信号	平均每 12 秒 1 次呼叫信号，其中混合非靶刺激呼叫信号	控制飞机	信号反应时的 Z 分数	多维描述量表
21	30 天后的初期 10 次试验	30 天后的最后 10 次试验	1-D 补偿追踪	追踪误差	工作负荷主观评估技术
35	次任务需语音反应	次任务需手动反应	应对地空导弹	巡航阶段反应时的减少量	层次分析法评定
36	次任务需语音反应	次任务需手动反应	应对地空导弹	悬停阶段反应时的减少量	层次分析法评定
37	次任务需语音反应	次任务需手动反应	应对地空导弹	作战阶段反应时的减少量	层次分析法评定

对上述这些点再进一步分类（表 2.38）。有 5/6 的数据点源自双重任务，其中一项任务需要手动反应，其他任务需要语音反应。第一个数据点（即数据点 2）要求被试者忽略听觉刺激而集中精力完成手动任务。

表 2.38 上述数据点分类

数据点	任务		资源	
	主任务	次任务	共享	分离
2	追踪			
5	追踪	交流		×
8	追踪	交流		×
21	追踪			
35	追踪	反应时		×
36	追踪	反应时		×
37	追踪	反应时		×

独立资源的使用是否与绩效和工作负荷的分离有关呢？有两种方法可以检验这一点，第一种方法是对照来自相似点的结果，第二种方法是对照图 2.14 中的理论图形。

数据点 3 ~ 8 和数据点 35 ~ 37 有交流要求。为什么在数据点 3、4、6、7 中未发生分离呢？可能是因为其中的绩效指标为错误而不是时间。在时间和语言同时作为绩效指标的情况下，分离才会发生。在图 2.14 中可发现，这些数据点落在了绩效提高但工作负荷增加的激励或动机区域。躲避导弹肯定是有动机的，这可能导致了数据点 34、36 和 37 的绩效与工作负荷相分离。在数据点 5 和数据点 8，被试者被要求“努力在主任务的各个方面保持足够的（特定的）绩效”。这些话可能对被试者有所激励。

回顾上述的 47 个数据点，有 7 个数据点的绩效与工作负荷主观测量之间存在分离。其中有 5 个数据点的绩效时间减少，而工作负荷主观评分增加。这些数据点来自 3 个不同的实验、由 4 种不同类型的工作负荷（飞行过载、交流难度、输入模式、时间）产生、使用 3 种不同的任务（追踪、控制飞机、应对地空导弹）和 4 种不同的工作负荷主观测量表（工作负荷主观评估技术、库珀 – 哈珀工作负荷修订量表、多维描述量表和层次分析法）。这种多样性支持了分离现象的存在，需要对工作负荷数据的解释进行指导。Yeh 和 Wickens（1988）建议，绩效测量可被用于提供系统运行优势的一个直接指标。此外，工作负荷主观评估技术应被用于“表明如果施加额外需求则可能导致潜在的绩效问题”。

King 等（1989）基于 4 项模拟飞行任务，通过考查其中的反应时和错误指标，对多资源模型进行了测试。工作负荷的测量使用了 NASA-TLX 量表。研究结果发现，单－双重任务绩效的显著下降，伴随的是总体工作负荷评分的增加。然而，分离任务不受单－双重任务影响，但工作负荷评分会增加。双重任务中的追踪减少，工作负荷也随之下降。

Bateman 等（1984）研究了错误发生率和工作负荷主观评估技术评分之间的关系。其结论是，错误取决于任务结构，工作负荷取决于任务难度和情境压力。

Thornton（1985）基于旋翼机的模拟，发现从任务一开始，当工作负荷增加时分离最为明显。

原书参考文献

Albery, W.B. The effect of sustained acceleration and noise on workload in human operators. Aviation, Space, and Environmental Medicine 60(10): 943-948, 1989.

Bateman, R. P., Acton, W. H., and Crabtree, M. S. Workload and performance: Orthogonal measures. Proceedings of the Human Factors Society 28th Annual Meeting, 678-679, 1984.

Casali, J.G., and Wierwille, W.W. A comparison of rating scale, secondary task, physiological, and primary-task workload estimation techniques in a simulated flight task emphasizing communications load. Human Factors 25: 623-642, 1983.

Casali, J.G., and Wierwille, W.W. On the comparison of pilot perceptual workload: A comparison of assessment techniques addressing sensitivity and intrusion issues. Ergonomics 27: 1033-1050, 1984.

缩略语（List of Acronyms）

3D	Three Dimensional 三维
a	number of alternatives per page 每页备选方案的数量
AET	Arbeitswissenschaf tliches Erhebungsverfahren zurTatigkeitsanalyze 工作活动分析法
AGARD	Advisory Group for Research and Development 研发顾问组
AGL	Above Ground Level 离地高度
AHP	Analytical Hierarchy Process 层次分析法
arcmin	arc minute 弧分
ATC	Air Traffic Control 空中交通管制
ATWIT	Air Traffic workload Input Technique 空中交通负荷输入技术
AWACS	Airborne Warning And Control System 机载预警与控制系统
BAL	Blood Alcohol Level 血液酒精水平
BVR	Beyond Visual Range 超视距
c	computer response time 计算机响应时间
C	Centigrade 摄氏度
CARS	Crew Awareness Rating Scale 机组意识评定量表
CC-SART	Cognitive Compatibility Situational Awareness Rating Technique 认知兼容性态势感知评定技术
cd	candela 坎，坎德拉（发光强度单位）
CLSA	China Lake Situational Awareness 中国湖态势感知
cm	centimeter 厘米
comm	communication 通信
C-SWAT	Continuous Subjective Workload Assessment Technique 工作负荷连续主观评估技术
CTT	Critical Tracking Task 临界追踪任务
d	day 天
dBA	decibels (A scale) 分贝（基于 A 型滤波器）

dBC	decibels (C scale) 分贝（基于 C 型滤波器）
EAAP	European Association of Aviation Psychology 欧洲航空心理学协会
F	Fahrenheit 华氏温度
FOM	Figure of Merit 品质因数，优值
FOV	Field of View 视场
ft	Feet 英尺
GCI	Ground Control Intercept 地面控制拦截
Gy	Gravity y axis 重力的 y 轴矢量
Gz	Gravity z axis 重力的 z 轴矢量
h	hour 小时
HPT	Human Performance Theory 人因绩效理论
HSI	Horizontal Situation Indicator 水平情况指示器
HUD	Head Up Display 平视显示器（平显）
Hz	Hertz 赫兹
i	task index 任务指数
ILS	Instrument Landing System 仪表着陆系统
IMC	Instrument Meteorological Conditions 仪表气象条件
in	inch 英寸
ISA	Instantaneous Self Assessment 即时自我评估
ISI	Interstimulus interval 刺激间隔
j	worker index 工作人员指数
k	key press time 按键时间
kg	kilogram 千克
kmph	kilometers per hour 千米 / 小时
kn	knot 节（船、飞行器和风的速度计量单位）
KSA	Knowledge, Skills, and Ability 知识，技能与能力
LCD	Liquid Crystal Display 液晶显示器
LED	Light Emitting Diode 发光二极管
LPS	Landing Performance Score 着陆绩效分数
m	meter 米
M2	meter squared 平方米
mg	milligram 毫克
mi	mile 英里
min	minute 分钟
mm	millimeter 毫米

mph	miles per hour 英里 / 小时
msec	milliseconds 毫秒
MTPB	Multiple Task Performance Battery 多任务绩效成套测验
nm	nautical mile 纳米
NPRU	Neuropsychiatric Research Unit 神经精神病学研究所
OW	Overall Workload 总体工作负荷
PETER	Performance Evaluation Tests for Environmental Research 环境绩效评价测试
POMS	Profile of Mood States 心境状态量表
POSWAT	Pilot Objective/Subjective Workload Assessment Technique 飞行员工作负荷客观 / 主观评估技术
PPI	Pilot Performance Index 飞行员绩效指数
ppm	parts per million 百万分比浓度
PSE	Pilot Subjective Evaluation 飞行员主观评价
r	total number of index pages accessed in retrieving a given item 在检索给定条目时访问的索引总页数
rmse	root mean squared error 均方根误差
RT	reaction time 反应时
RWR	Radar Warning Receiver 雷达告警接收器
s	second 秒
SA	Situational Awareness 态势感知，情境意识
SAGAT	Situational Awareness Global Assessment Technique 态势感知综合评估技术
SALIENT	Situational Awareness Linked Instances Adapted to Novel Tasks 适应新任务的态势感知关联指标
SART	Situational Awareness Rating Technique 态势感知评定技术
SA-SWORD	Situational Awareness Subjective Workload Dominance 态势感知工作负荷主观优势
SD	standard deviation 标准差
SPARTANS	Simple Portable Aviation Relevant Test Battery System 便携式航空成套测验系统
st	search time 搜索时间
STOL	Short Take-Off and Landing 短距起降
STRES	Standardized Tests for Research with Environmental Stressors 环境应激源研究的标准化测验

SWAT	Subjective Workload Assessment Technique 工作负荷主观评估技术
SWORD	Subjective Workload Dominance 工作负荷主观优势
t	time required to read one alternative 读取单个备选方案的所需时间
TEWS	Tactical Electronic Warfare System 战术电子战系统
TLC	Time to Line Crossing 越线时间
TLX	Task Load Index 任务负荷指数
tz	integration time 整合时间
UAV	Uninhabited Aerial Vehicle 无人飞行器
UTCPAB	Unified Tri-services Cognitive Performance Assessment Battery 美国三军统一认知绩效评估测验
VCE	Vector Combination of Errors 误差的矢量组合
VDT	Video Display Terminal 视觉显示终端
VMC	Visual Meteorological Conditions 目视气象条件
VSD	Vertical Situation Display 垂直情况显示器
WB	bottleneck worker 瓶颈型员工
WCI/TE	Workload/Compensation/Interference/Technical Effectiveness 工作负荷 / 补偿 / 干预 / 技术效率

主题索引（Subject Index）

Cognitive Interference Questionnaire	认知干扰问卷
Combat	作战，战斗
command and control	指挥与控制
communication	通信
comparison measures	比较测量
comprehensive	综合
Computed Air Release Point	计算空投点
Computerized Rapid Analysis of Workload	工作负荷的计算机化快速分析
Continuous Subjective Assessment of Workload	工作负荷连续主观评估
control movements/unit time	控制动作 / 单位时间
Cooper-Harper Rating Scale	库珀 – 哈珀评定量表
correlation	相关性
CRAWL	工作负荷的计算机化快速分析
Crew Status Survey	机组状态调查表
cross-adaptive loading secondary task	交叉适应负荷次任务
C-SAW	工作负荷连续主观评估
C-SWAT	工作负荷连续主观评估技术
DALI	驾驶活动负荷指数
decision tree	决策树
Defense Technical Information Center	国防技术信息中心
detection	探测
detection time	探测时间
deviations	偏差
diagnosticity	诊断性
dichotic listening	双耳分听
dissociation	分离
distraction secondary task	分心次任务
driving	驾驶
driving secondary task	驾驶次任务
dual task	双重任务
dynamic workload scale	动态工作负荷量表
ease of learning	易于学习
emergency room	急诊室
equal-appearing intervals	相等间隔

lexical decision task	词汇决策任务
Line Oriented Flight Training	面向航线飞行训练
load stress	负荷压力，负荷应激
localizer	定位信标
Low Altitude Navigation and Targeting Infrared System for Night	夜间低空导航和红外瞄准系统
Magnitude Estimation	幅度估计
mathematical processing	数学处理
McCracken-Aldrich Technique	麦克拉肯 – 奥尔德里奇技术
McDonnell Rating Scale	麦克唐纳评定量表
memory	记忆
memory search	记忆搜索
memory-recall secondary task	记忆 – 回忆次任务
memory-scanning secondary task	记忆 – 扫描次任务
mental effort	脑力付出
mental effort load	脑力负荷
mental math	心算
mental math task	心算任务
mental workload	脑力负荷
Michon Interval Production	米琼斯间隔产生
Mission Operability Assessment Technique	任务可操作性评估技术
Modified Cooper-Harper Rating Scale	库珀 – 哈珀修订量表
Modified Cooper-Harper Workload Scale	库珀 – 哈珀工作负荷修订量表
Modified Petri Nets	修订的佩特里网
Monitoring	监控
mood	心境
motivation	动机
Multi-descriptor Scale	多维描述量表
Multidimensional Rating Scale	多维评定量表
Multiple Attribute Task Battery	多属性成套任务
Multiple Resources Questionnaire	多资源问卷
Multiple Task Performance Battery	多任务绩效成套测验
Myers-Briggs Type Indicator	迈尔斯 – 布里格斯类型指标
NASA Bipolar Rating Scale	美国航空航天局双极评定量表
NASA-TLX	美国航空航天局任务负荷指数量表

Null Operation System Simulation	零操作系统模拟
number of errors	错误数
Observed Workload Area	观测工作负荷区域
occlusion secondary task	视觉遮蔽次任务
omission	省略
Overall Workload Scale	总体工作负荷量表
overload	超负荷
participants	被试者
pattern discrimination	模式判别
percent correct	正确率
percent errors	错误率
percentage correct scores	正确率分数
Peripheral Vision Display	周边视觉显示
Pilot Objective/Subjective Workload Assessment Technique	飞行员工作负荷客观 / 主观评估技术
Pilot Subjective Evaluation	飞行员主观评价
pitch	俯仰
POMS	心境状态量表
POSWAT	飞行员工作负荷客观 / 主观评估技术
Prediction of Performance	绩效预测
primary task	主任务
probe stimulus	探针刺激
Problem solving	问题解决
production/handwriting secondary task	创作 / 书写次任务
productivity	生产力
Profile of Mood States	心境状态量表
Psychological Screening Inventory	心理筛查表
psychological stress load	心理应激负荷
psychomotor	心理运动
pyridostigmine bromide	溴吡斯的明
quantitative	定量的
random digit generation	随机数字生成
randomization secondary task	随机化次任务
rate of gain of information	信息增益率
reaction time	反应时

reading secondary task	阅读次任务
relative condition efficiency	相对条件效率
reliability	信度
representativeness	代表性
resource competition	资源竞争
resource-limited tasks	有限资源任务
Revised Crew Status Survey	机组状态调查表修订版
Rotter's Locus of Control	罗特控制点
SART	态势感知评定技术
secondary task	次任务
Sequential Judgment Scale	顺序判断量表
Short Subjective Instrument	简版主观工具
short-term memory	短时记忆
shrink rate	收缩率
simple RT	简单反应时
simulated flight	模拟飞行
simulator	模拟器
Situational Awareness	情境意识，态势感知
slope	斜率
spatial transformation	空间转换
speed	速度
speed stress	速度压力
speed-maintenance secondary task	速度保持次任务
S-SWAT	简版工作负荷主观评估技术
steering reversals	转向回正
Sternberg	斯滕伯格
subjective measure	主观测量
Subjective Workload Assessment Technique	工作负荷主观评估技术
Subjective Workload Dominance	工作负荷主观优势
Subjective Workload Rating	工作负荷主观评定
subtraction task	减法任务
SWAT	工作负荷主观评估技术
synthetic work battery	综合工作成套测验
takeoff	起飞
tapping	打字

Workload scale secondary task	工作负荷量表次任务
Workload/Compensation/ Interference/ Technical Effectiveness	工作负荷 / 补偿 / 干预 / 技术效率
Workload /Compensation / Interference/ Technical Effectiveness Scale	工作负荷 / 补偿 / 干预 / 技术效率量表
yaw deviation	偏航偏差
Zachary/ Zaklad Cognitive Analysis	扎卡里 / 扎克拉德认知分析